パンデミック時代の SDGsと 国際貢献

2030年のゴールに向けて

東洋大学国際共生社会研究センター 監修

北脇秀敏・松丸 亮・金子 彰・眞子 岳［編］

朝倉書店

執筆者 （執筆順）

1章 佐藤　寛　　　アジア経済研究所　研究推進部，上席主任調査研究員

2章 永見　光三**　国際協力機構（JICA）地球環境部，次長兼防災グループ長

　　 松丸　亮*　　東洋大学国際学部，教授
　　　　　　　　　東洋大学国際共生社会研究センター，副センター長

3章 松本　重行**　国際協力機構（JICA）地球環境部，審議役兼次長兼水資源グループ長

4章 フラマン・ピエール**　（株）極東技工コンサルタント　海外事業部，総括課長
　　　　　　　　　　　　　　日本サニテーションコンソーシアム，調整官（国際業務）

5章 其其格**　　中国内蒙古自治区社会科学院牧区発展研究所，副研究員

6章 藪長千乃*　　東洋大学国際学部，教授

　　 高松宏弥**　武蔵野大学アントレプレナーシップ学部，講師

7章 マリア・ロザリオ・ピケロ・バレスカス**

　　 RCE-Cebu, コーディネーター／元フィリピン大学社会学部，教授／元東洋大学国際地域学部，教授

　　 高松宏弥　前掲

　　 アルヴィン・レイ・ユー　元フィリピン大学セブ校学生課，課長

　　 ニニョ・アルジェン・ベロクラ　フィリピン大学セブ校経営学部，学部生

　　 フェリックス・アカアク・ジュニア　RCE-Cebu, ユース・ボランティア

　　 カトリーナ・ペスタニ　RCE-Cebu, ユース・ボランティア

　　 ゼナイダ・タブカノン　フィリピン大学セブ校副学長室（運営担当），事務職員

8章 伊藤大将*　　東洋大学国際学部，助教

9章 内藤智之　　　神戸情報大学院大学　副学長，特任教授

10章 本書編集委員

　　 北脇秀敏*　　東洋大学国際学部，教授
　　　　　　　　　東洋大学国際共生社会研究センター，センター長

　　 松丸　亮　　　前掲

　　 金子　彰**　東洋大学国際共生社会研究センター，客員研究員

　　 眞子　岳　　　東北大学大学院国際文化研究科，特任助教（研究）

---

* 東洋大学国際共生社会研究センター，研究員　　　　　所属，肩書（役職）は 2021 年 9 月現在
** 東洋大学国際共生社会研究センター，客員研究員

は じ め に

　東洋大前国際共生社会研究センター（以下，センター）は，2001年に設立されて以来，文部科学省及び東洋大学から活動資金を得て研究を進めてきた[1]．その研究成果は鋭意発信を続けており，朝倉書店からはすでに6冊の単行本を発行している．中でも2012年に発行した書籍『国際開発と環境―アジアの内発的発展のために―』は，2014年に国際開発学会から特別賞を得ている．2018年度以降は，「東洋大学のブランドとなり得る先端的かつ独創的な研究を推進する」目的で設立された東洋大学重点研究推進プログラムの助成により活動を進めている．センターがこのプログラムで現在取り組んでいるプロジェクトの名称は「開発途上国における生活環境改善による人間の安全保障の実現に関する研究― Toyo SDGs Global 2020-2030-2037 ―」である．これはSDGsの「行動の10年」の開始にあたる2020年と目標年次の2030年，そして東洋大学の創立150周年である2037年を意識して将来に向けた研究を行うことを目的として命名したものである．こうした中，東洋大学では2021年6月にSDGs行動憲章を設定し，教育，研究，社会・国際貢献，環境貢献，ダイバーシティ＆インクルージョンの5つの行動を行うことを宣言した[2]．センターは現在，そのすべてにおいて貢献するべく活動を継続している．

　本書の編集を行った時期は，ちょうど世界中をパニックに巻き込んだコロナ禍の時期と一致する．その間に社会は大きく変化し，環境，医療，経済などSDGsの各目標の進捗にも多大な影響があった．大学の研究・教育もITの活用などの分野で10年分の変化が一挙に起きたように感じる．

　今回のコロナ禍後も，開発が進むと自然界に潜んでいたウイルスが人間界に拡散し，繰り返しパンデミックをもたらす可能性が十分考えられる．こうした時代であるからこそ，途上国での持続可能な開発の研究を行う意義は大きいのではないだろうか．センターでは，今後の不確定要素にかかわらずSDGsに貢献したいという意図を込め，本書を『パンデミック時代のSDGsと国際貢献― 2030年のゴールに向けて―』と名付けた．本書には，コロナ禍でセンターとして初めてオン

ラインで実施したシンポジウムの講演内容も盛り込んでいる.

　なお，センターが本書の出版のもととなる活動を実施できたのは，前述の東洋大学重点研究推進プログラムの支援によるものである．また本書を刊行するにあたり朝倉書店の編集部には編集作業において多大なるご尽力をいただいた．ここに関係各機関に心から感謝したい.

　2021 年 10 月

東洋大学国際共生社会研究センター長
東洋大学国際学部教授

北脇　秀敏

---

1)　本センターの活動の詳細は以下のサイトを参照下さい.
　　https://www.toyo.ac.jp/research/labo-center/orc/
2)　東洋大学 SDGs 行動憲章の詳細は以下のサイトを参照下さい.
　　https://www.toyo.ac.jp/sdgs/charter/

目　　次

1. With コロナ時代のサプライチェーンマネジメントと SDGs
―国際協力と日本の役割―

佐藤 寛

1.1 は じ め に

　2030 年を目標年とする SDGs は残り 10 年となり，2020 年代は「Decade of Action：行動の 10 年」とよばれている．新型コロナウィルス感染症の本格的な流行がはじまる 2020 年 3 月まで，筆者は日本の国内各地をまわって，地方の中小企業の経営者のみなさんに SDGs を説明する活動を行ってきた．

　そこで常に申し上げてきたのは，SDGs の本質は，「S＝すごく，D＝大胆な，指切り G＝げんまん」である，ということである．これは単なる語呂合わせではない．

　SDGs を宣言した文書の正式タイトルは「Transforming Our World：持続可能な開発のための 2030 アジェンダ」であり，Transform という言葉を外務省では「変革」と訳している．しかし筆者はこの transform は，もう少し強い言葉だと理解している．姿（form）を変える（trans）ということは，サナギが蝶に孵るような全体像の変化（生物学的には「変態」とよばれる）を意味している．そんな大胆な約束を 2015 年に世界各国は国連の場でしてしまったのである．それゆえ，なに不自由なく暮らしている先進国の我々も，SDGs 実現に向けた活動と無縁ではいられないのである．

　中小企業の経営者の方々は，日常的に世界の平和や地球環境，さらには途上国の貧困問題や人権などという課題を突き付けられることは少ない．こうした「地球規模課題」は自社の企業活動から縁遠いように思ってきた．しかしグローバリゼーションの進展とともに，そうした事項が，実は自分たちのビジネスと無関係

ではないということに，徐々に気づきはじめている．だが，どのようにこうした課題を自社の活動に取り入れていけばよいのか途方に暮れているのだ．

　そこで登場するのがSDGsである．実は，SDGsという共通目標を認識することで，「地球規模課題」「世界の約束」と自社のビジネスをつなげる糸口が見えてくるのだ．そして，その糸口をたぐり寄せるためのキーワードがサプライチェーンマネジメントなのである．サプライチェーンとは，商品やサービスがその原材料調達からはじまって，加工され，最終製品になって消費者に届くまでの一連の連鎖を指す言葉である．以下，本章では，withコロナ時代のSDGsとサプライチェーンマネジメントについて論じたい．

1.2　過去20年のトレンド

　まず，新型コロナウィルス感染に先立つ2000年から2019年にわたる二つのDecadeに，国際協力（開発）と国際ビジネスをとりまく環境にどんな変化が起きていたのかを振り返ってみよう．

　この20年間でMDGs（ミレニアム開発目標：2001-2015）からSDGs（持続可能な開発目標：2016-2030）に移行した．そしてこの間，地球環境の劣化や経済格差の拡大といった世界的な課題の重要性が認識され，その解決のための非国家アクターの役割への期待が大きくなってきた．これに伴って国際協力の世界でも，ODA（公的開発援助）のみならず企業や市民社会の役割が注目されるようになり，「プライベート・グローバルガバナンス」すなわち，地球規模の課題に向けた取り組みを民間主導で行う，という概念が誕生した．そして，プライベート・グローバルガバナンスの重要なツールの一つが企業，国家，市民社会の連携によるサプライチェーンマネジメントなのである．

　もうひとつの大きな変化は，気候変動（climate change），気候危機（climate crisis）という概念が広く浸透しつつあることだ．ただし，気候危機を否定し，地球温暖化に責任はないとして企業活動を擁護する論陣も，特に企業活動に同情的な学者から主張されており世論の分断化傾向がみられることは注目される．

　三つ目に，ODAと国益をめぐる議論の変化があげられる．この20年間に途上国に対して開発援助を行う際に，援助する側の国益をからめて語ることに対する羞恥心が失われつつあるように思われる．

1.3 開発とビジネスの相互接近

さて，世界的な課題解決のための民間セクターの役割に対する期待の高まりを理解するためには，その基底にある開発とビジネスの相互接近という潮流を理解しなければならない．もともと，開発（援助）は公共性が高い事業であり，国連機関や先進国の援助機関が担うべきものとされてきた．他方でビジネスは，私的な利潤を追求するものであり，それは民間企業の役割とされていた．そして一般的な行動原理として，開発は利他的であるのに対してビジネスは利己的であり，その意味で同じ途上国で活動していても，かつてはまったく別々の世界を対象としていた．しかし，過去20年間に両者の相互接近が加速化している．その背景は以下のようなものである（図1.1）．

第二次世界大戦後，半世紀以上にわたって開発援助が行われてきたはずなのに，世界の貧困層の根絶は果たされていない．これは，開発援助のやり方が非効率だからではないのか．開発事業はもっとビジネスに接近し民間のノウハウと資金を活用して効率性を高めるべきだ，という主張が納税者や寄付者から寄せられるようになった（図1.1の左側からの矢印）．

他方ビジネスに対しては特に2008年のリーマンショック以降，株主至上資本主義の行き過ぎが批判され，もっと利他性を身に付けて公共の利益に貢献すべきで

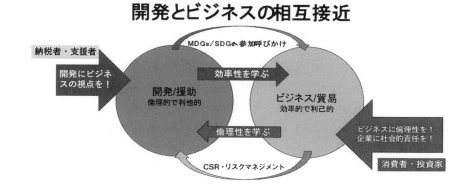

図 1.1 開発とビジネスの相互接近

あり，企業の行動規範に人権や環境に対する配慮を積極的に取り入れるべきだという圧力が消費者や投資家からかかるようになっている（図1.1の右側からの矢印）．

こうして開発とビジネスの相互接近の潮流が形作られるなか，これをさらに促進するために登場したのが「官民連携」（public private partnership：PPP）というキーワードである．ただし「官民連携」は日本においては新しい概念ではない．

1.4 日本の ODA と民間企業

そもそも日本の ODA は戦後賠償からはじまった．「賠償」とは日本が第二次世界大戦中に迷惑を掛けたアジアの国々に対してお詫びの意味を込めて資金を供与することを意味した．しかし，同時にこの賠償資金で実施されるプロジェクト（道路，ダムなどのインフラや公共施設の建設）を日本企業が請け負うことで，日本企業が国際的な市場に再進出していく足掛かりをつかもうという思惑もあった．すなわち，敗戦で疲弊し競争力を失った当時の日本企業が国際社会に復帰するためには，ODA への依存が不可欠だったのである．

その後日本は順調に戦後復興の段階を上り，1964年には先進国クラブとしてのOECD（経済協力開発機構）への加盟が認められ，これに伴って ODA のやり方も欧米諸国と足並みをそろえることが求められるようになった．OECD-DAC（開発援助委員会）の一員となったことで，1960年代，70年代，80年代を通して，日本は自分の経済的利益のため ODA を利用しているのではないか（ひも付き援助）という批判を受け続けた．これに応えて日本の ODA は1980年代にはひも付き援助を削減し，官民連携の旗を降ろす方向に舵を切ったのである．

同時にこの頃になると，日本企業の国際的競争力も増し，「Japan as Number One」（エズラ・ボーゲルの同名書，1979年刊行）ともてはやされるようになって，ODA 資金に頼らずとも世界に進出できるようになっていた．むしろ貿易黒字があまりに多過ぎるので，それを還流するために ODA を使うことが求められ，その結果日本は世界第一の ODA 大国になっていく（1989年に初の ODA 世界一を達成，1990年代を通じて一位を維持）．こうして1980-90年代に日本企業のODA 依存体質はいったん姿を消したのである．

しかし，その流れは21世紀に入って反転する．OECD は従来借款よりも贈与を重視し，ひも付き援助を削減する国際協力のルールを主導してきた．ところが

そのルールに従わない中国が新興ドナーとして登場し，自国のビジネスと結び付いた国際協力を特にアフリカで積極的に推進しはじめた．一方日本企業はバブル崩壊後，国際競争力が低下した結果，ODA を使って日本の企業を支えるべきだという議論が再燃する．同様の国益論は他の OECD 諸国でも浮上し，これが，上に述べた民間企業と開発の相互接近という潮流とも相まって，かつて積極的には推奨されなかった官民連携が肯定的にとらえられるという国際世論が形成されたのである．

1.5 新型コロナとサプライチェーン

2020 年に入ると新型コロナウィルスの世界的感染がはじまり，当初はどの国もまず自分の国のコロナ対策が最優先という自国主義，自国防衛論に傾かざるを得なかった．また感染当初は世界全体の物流がかく乱され，その結果先進国である日本さえも 2020 年の 3 月，4 月にはマスクが手に入りにくい状況に陥った．この事実から我々は，マスクがグローバルなバリューチンをたどって日本に届いていたことに気づかされたのである．

コロナ前まで，グローバリゼーションは不可逆な歴史の進化だという考え方が多くの人に共有されていた．「世界はどんどんどんどん緊密になる一方であり，この流れを途絶することは不可能」と思い込んできたのである．ところがこれがコロナによって突然途絶された．サービス産業，旅客業への打撃は 2021 年に入っても深刻さを増すばかりである．こんなことがありうるのだということに気付かされたという意味で，2020 年は世界史的に非常に重要な年なのかもしれない．

もちろん，悪いことばかりではない．コロナ状況はリモートワークが本格化する大きな契機となり，ウェビナーも日常的に開催できるようになった．世界全体の CO_2 排出量の削減にもポジティブな影響が出ている．2020 年には広範囲でコロナ対策としての行動規制が行われた結果，CO_2 排出量は世界全体で前年比約 8%削減され，これは第二次世界大戦後最も大きな減少幅であるという．大気汚染のひどかった北京やデリーなどの途上国の都市の大気汚染は目に見えて改善した．2019 年，当時 16 歳のスウェーデンの環境活動家グレタ・トゥンベリさんが世界の大人たちに対して「気候危機に真面目に取り組みなさい」と叱責してもできなかった CO_2 削減に，コロナによる経済活動の停滞が貢献した部分もある．

1.6　新型コロナと日本の国際協力

　他方，2020 年は日本の国際協力にとっては重大な試練を与える年でもあった．なぜなら日本型の国際協力の十八番であった，専門家や青年海外協力隊が現地に赴いて活動するという泥臭い，しかしとても人間味のある国際協力のやり方が，できなくなってしまったからである．2020 年の年明け時点では青年海外協力隊（現在の正式名称は JICA 海外協力隊）隊員は，世界中に 2000 人以上展開していたのだが，これらの人びとが一斉に帰国を余儀なくされた．同時に JICA のプロジェクトに派遣されていた専門家もほとんどが緊急帰国した．そしてこれらの人びとの大半は当分赴任地に戻るめどが立っていない（2021 年 3 月時点）．つまり，我々が誇りに思っていた日本の「現場主義」が存立の危機を迎えているのである．

　これに対して欧米諸国の開発支援は，もともと日本ほど自国人員を送ることはしておらず，現地にいるエリート層や NGO を活用して，それらの人に自国のODA 事業を委託する形で開発プロジクトを実施してきた．人件費が高い先進国の人間が途上国で働けばコストがかさむし飛行機代もかかるのだから，こうした方式には一定の合理性がある．日本の技術協力（technical assistance：TA）は，従来こうした観点から費用対効果が低いと批判されてきたのも事実である．そうした批判を受けながら人件費の高い日本人を途上国に送るというやり方をこれまで維持できてきたことのほうが，もしかしたら奇跡だったのかもしれない．いずれにしても，これまでのようなやり方は，再考を迫られている．これが With コロナ時代の日本型国際協力の危機である．

1.7　新型コロナと SDGs

　2016 年から 2019 年までの間に，日本社会にも SDGs が少しずつ浸透していき，小学校・中学校の授業では SDGs が取り上げられ，関西圏や首都圏では通勤電車の車体塗装（ラッピング電車）に SDGs が用いられたりすることも見られ，経済紙のみならず女性誌などでも SDGs が特集される機会が増えた[1]．背広の胸にカラフルな SDGs バッジをつけている人も見かけるようになった．しかし，2020 年に新型コロナの感染がはじまると，「今は SDGs どころではない」という雰囲気が流

れはじめた．

2018 年に大阪で開催された G20 では，日本が主導して海洋プラスチック問題に
取り組むことを宣言し，脱プラスチックに取り組む企業も増えはじめていた．例
えばスターバックスも 2018 年に「2020 年までにプラスチック製ストローの使用
をやめる」と宣言した[2] が，感染拡大後は感染予防のためとしてプラスチックの
使用が復活する兆しがある[3]．スーパーのレジや行政の窓口でも感染予防のため
にプラスチックのスクリーンを設置しているし，医療従事者の保護具（PPE）と
してのマスク，手袋，ガウンなどにも使い捨てプラスチックの需要が多い．また，
SDGs バッジをつけている人もあまり見なくなった（背広で通勤する機会自体が
減っていることもあるだろう）．この調子では，コロナがなんとか収束する前に
SDGs は忘れ去られてしまうのではないか，という危惧も表明されている．

しかしコロナ状況下の今だからこそ，SDGs の取り組みが非常に重要になるの
ではないだろうか．ロックダウン（感染予防のための都市封鎖）が発令されれば，
多くの人びとの経済活動が止まるが，サプライチェーンが途絶えてしまうとみん
なが困る．マスクを作らなければならないし，ロックダウン中でも食べるものは
必要である．したがって，コロナ状況下でサプライチェーンをいかに途切れさせ
ずに維持していくのかが非常に重要な課題として浮かび上がってきたのである．
これはまさに持続可能なサプライチェーンの確保である．このサプライチェーン
が確保されていればこそ，様々なものが遠く離れた途上国から我々先進国の消費
者に届くのだし，先進国で作ったものが途上国に届くのである．これは，経営学
では事業継続計画「Business Continuation Plan」，すなわち自然災害やテロなど
の発生時にいかに事業を継続するか，というテーマとしてとらえられることが多
い．しかし，SDGs 時代のサプライチェーンマネジメントは，通常の BCP よりも
より広い視野の取り組みが必要なのである．

1.8 サプライチェーンマネジメントと倫理的リスク

通常の BCP に含まれず，SDGs 時代のサプライチェーンマネジメントに求めら
れるのが，倫理的リスクへの対応である．これには，生産や物流に係る労働者の
健全な労働環境・感染予防環境・生活環境も含まれる．これらはまさに SDGs の
課題でもあるのだ．

　図 1.2 は，グローバルサプライチェーンの模式図である．左に途上国があり，
右に先進国がある．原料が途上国の様々な場所から調達されるが，生産の際に不
適切な農薬散布があったり，賃金の未払いがあったり，児童労働があったり，調
達の際に原材料の買いたたきがあったりすれば，これらはすべて倫理的リスクと
なる．

　加工する段階でもリスクがある．縫製工場の搾取労働（スウェット・ショップ）
はその代表的な事例である．

　さらに，製品を途上国で販売する際にも倫理性が問われるリスクがある．例え
ば，安全・きれいな水が手に入らない地域で粉ミルクを売るという，その販売行
為自体が倫理性に反する．なぜなら，そうした場所では母親は赤ん坊が飲むのに
適さない水で粉ミルクを溶き，その結果赤ん坊が下痢で死亡することが予想され
るからである（これは，1970 年代から繰り返し指摘されている事例である）．こ
のように途上国に延びるグローバルなサプライチェーンは，さまざまな倫理的な
リスクを内包している．そして，インターネット通信網が途上国まで浸透してい
る今日，そうした事例が発覚する可能性は 20 年前に比べて格段に高くなってい
る．こうした事例が明らかになれば，国際世論，具体的には消費者や投資家が，
その商品を販売している企業に対して批判の矛先を向ける．これが企業に対する
信頼を損ねれば，ビジネスの持続可能性が失われることになりかねないのだ．

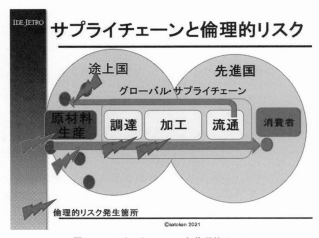

図 1.2　サプライチェーンと倫理的リスク

　倫理的リスクには，地球環境破壊に関するリスクと，人権侵害に関するリスクの双方が含まれる．SDGs は「経済」「環境」「社会」の三側面を含むといわれるが，倫理的リスクもこれに対応している．With コロナ時代に，いかにこれらの倫理的リスクを防ぐのか，それが持続可能なサプライチェーンの課題であり，それは SDGs 推進と直結しているのである．

　こうしたサプライチェーン上における倫理的リスクの事例は数多くあるが，その中でも代表的なものにラナプラザ事件がある（図 1.3）．バングラデシュの首都ダッカ郊外に 8 階建てのラナプラザとよばれる雑居ビルがあった．ビルの各フロアごとに異なる経営者の縫製工場が入っていたのだが，もともと違法建築であったうえに，目的外の使用方法（大量の電動ミシンの設置や停電時に備えた重い発電機の設置，稼働）により，2013 年 4 月にビルが崩落してしまい，1127 人の女工さんが亡くなった．これは「ファッション史上最悪の事件」とも言われ，事件直後に欧米では，バングラデシュから製品を調達していたファストファッションの店舗（ZARA，H & M など）前で消費者によるデモが巻き起こった．そこで唱えられたのは，「自分たちの着ている，ファッショナブルで安い服がこういう所で作られていたなんてとんでもない．こういう所で作られたような服なんて着たくないんだ」という主張である．イメージを大切にするファッションブランドとしては，こうした評判は売れ行きに直結する．これを評判リスク（reputation risk）と

図 1.3　ラナプラザ崩落事故
(Photo by rijans-Dhaka Savar Building Collapse (2013)／CC BY-SA 2.0)[4]

よぶが，ラナプラザ事件以降，評判を維持するために各ブランドは途上国の下請け縫製工場における労働環境の改善に取り組まざるを得なくなっていく．

　環境についてもさまざまなリスクがある．生産過程による環境破壊，消費を通じた環境破壊もあれば，使用後の廃棄による海洋プラスチックごみ問題もある．これらの課題はゴール 12「つくる責任，つかう責任」に深く関係する．日本でも最近注目されているのは，食料廃棄の問題である．日本の食料廃棄量は年間 646 万トンで，これは WFP（世界食糧計画）が 1 年間に世界中の貧しい人や被災者に配布する食料の量の倍なのである．これだけの無駄を放置することは，倫理的に放置できない問題であり，このような大量の廃棄を招く企業システム，サプライチェーンのあり方自体が，批判の的になるのは当然である．

1.9　日本国内にもある倫理的リスク

　SDGs のゴール 8 はディーセント・ワーク（適切な労働環境で，尊厳をもって働くことができ，恥ずかしくない生活のできる賃金（living wage）を得ることができるような仕事）を目標にしている．労働者の人権侵害は農産物のプランテーション，鉱山，スウェットショップ（労働条件の劣悪な搾取的工場）など途上国で深刻な場合が多いが，実は日本国内にもそのリスクがある．

　2019 年 6 月に NHK で放映された『ノーナレ』という報道番組の中で，今治のタオル産地が舞台になった．今治タオルの下請け工場で働いているベトナム人の技能実習生が NHK のディレクターに「助けてください」という電話を掛けたことが発端で，その工場では夜中まで働かされ，残業手当も払われず，けがをしても労災が認められないというような実情が告発された．するとその番組が放映されている間にインターネット上で様々な情報が飛び交いはじめる．番組では，地名も企業名も一切出していなかったものの，今治タオルと特定され，ネット上では「私はもう，二度と今治タオルを買わない」「今治タオルをボイコットしよう」という話題が一気に盛り上がった．いわゆる「炎上」が起きたのである．ただし「この会社に違いない」と名指しされた会社は，実はそこではなかったのだが，いずれにせよインターネット上で今治タオルのブランドイメージは一気に傷つくことになった．

　この番組が取り上げた事例は縫製業だが，技能実習生のおかれている労働環境・

生活環境の劣悪さは農業でも水産業でも問題になっている．つまり，人権に関わるサプライチェーンマネジメントは日本国内でも実は切実な問題なのである．

さて，この放送の翌々日，今治タオル工業組合は声明を発表した．この工業組合は，朝日が昇るようなロゴマークを制定しタオル産地としての今治のブランディングに成功した組織であり，ブランドイメージの棄損は地元産業全体にとって大きな脅威である．そこで同工業組合は「番組で報道された企業は，われわれの組合の所属企業ではありません．（しかし，）われわれの組合企業の下請け企業（＝サプライチェーンの一部）であることから，当組合も社会的責任及び道義的責任を重く受け止めています」「今後技能実習生の労働環境の改善を最優先に考えて支援などに取り組む」と述べたのである[5]．

これは画期的なことだといえよう．従来ならこうした場合「自分たちの企業，関連企業ではありません」で幕引きを図ったところだろう．以前は下請けだから関係ありません，孫請けだから関係ありませんという申し開きが通用したが，SDGs 時代の今日，もはやそれが通用しなくなっていることを，同工業組合は理解したのである．これは，世の中がトランスフォーム（変態）しはじめていることの一つの表れといえよう．

1.10　消費者と投資家の役割

上の事例は中小・中堅企業だが，一部の大企業，例えば大手スーパーのイオンなどは，早くから倫理的リスクに対する対応策を模索しており，調達原則などを公表している．自社の店頭で販売する商品については，そのサプライチェーンをどこまでさかのぼっていっても責任は免れないことが強く意識されている（ただし，これらの調達原則は今のところ環境的な持続可能性に重点が置かれている）．こうした調達方針を自主的に公開するのは，自社が扱っている製品のサプライチェーンに対する責任は，法律を遵守しているかどうか（コンプライアンス）とは別の基準で社会的に判断されうる，と認識しているからである．この「自主的な取り組み」もプライベート・グローバルガバナンスのメカニズムの一つである．

消費者のボイコットがこうした企業の取り組みを促す側面があるのは事実だが，調達方針を自主的に公開する背景にはサプライチェーンマネジメントのためのもう一つの重要なアクターとしての投資家が視野に入っていることが重要である．

　昨今よく耳にする ESG 投資とは，E が Environment，S が Society，G が企業統治（Governance）を現わしており，この三要素を重視した投資戦略をさす．ESG 投資を別名「SDGs 投資」とよぶ人も少なくない．投資家がどの企業に投資するかを判断する際に，従来は投資先候補企業の財務諸表を判断基準にして，どの程度の金銭的なリターンがあるかをみきわめ，投資先を決定してきた．しかしSDGs 時代の投資家は，財務諸表以外の ESG への取り組みを投資判断に含めるようになっているのである．倫理的リスクを最小化するサプライチェーンマネジメントは，まさに ESG 投資の趣旨に沿うものであるため，中小企業であっても，サプライチェーンマネジメントを通して SDGs に取り組むことによって，新たな投資家を発掘することが可能となる．

　これと裏腹に，サプライチェーン上の倫理的リスクを放置した企業は消費者からのボイコット，投資家からのダイベストメント（投資引き上げ），取引先からの取引停止（倫理的リスクを放置する取引先とは縁を切る）によって，市場からの退出を求められる．仮に，定められた規制や法律には一切違反していなかったとしても，である．これがプライベート・グロバーバルガバナンスのメカニズムであり，このメカニズムは，中央集権的な方法ではなく，多くのアクターの協調によって成立するという点が特徴的である．

1.11　持続可能なサプライチェーンをめぐる国際社会の動向

　プライベート・グローバルガバナンスを成立させる多くのアクターの中には，国連機関を含む国際社会も含まれる．国際社会は，企業のサプライチェーンマネジメントへの取り組みを後押しするルールを作りはじめている．グローバルカバナンスは本来国連機関の仕事であるが，民間企業を重要なパートナーとして組み込んだ，新しい形の国際ルールへの模索が始まっているとみることもできる．

　例えば国連では，ビジネスと人権に関する指導原則（guiding principle for business and human rights）が 2011 年に合意され，この原則が各国の基準作りの基礎となっている．この指導原則では，国家には人権を擁護する義務がある一方，企業には労働者の人権を保護する責任があるということが指摘されている．これは，国際社会のガバナンスの中に企業が明示的に組み込まれたという意味で画期的である．この指導原則の下に日本政府も 2020 年 10 月 16 日に国家行動計画

（NAP）を発表し，企業とともにサプライチェーンマネジメントに取り組むことをコミットした．このように労働環境・人権に伴う倫理的リスクへの対応手段の一つとして国際的なルール作りが進んでいることは，SDGs 時代の特色の一つといえよう．

　サプライチェーンマネジメントのための最も重要なアクターは，もちろん当事者である企業だが，それを公的機関がサポートすることもありうる．このような流れを踏まえると，SDGs 達成に向けた最後の 10 年間（Decade of Action）では，サプライチェーンマネジメントをめぐる国際協力の必要性が一層重要になってくる．だとすれば，日本の国際協力の柱の一つに，グローバルサプライチェーンの維持・改善のための協力活動を据えることも考えられてよいのではないだろうか．

1.12　サプライチェーンマネジメントと日本の国際協力

　サプライチェーンマネジメントは，誰のためか．一義的には，企業の持続可能な経営のためである．しかし，今日私たちがマスクを，食料を，あるいは衣服を安定的に入手できるためには，世界中に伸びているグローバルなサプライチェーンが健全な形で持続されなければならない．したがって，これを維持するための途上国支援は先進国のためでもある．

　では，日本がサプライチェーンマネジメントを国際協力のテーマとして取り入れる，とはどういうことを意味するだろうか．すでにいくつかの事例がはじまっている．

　例えば JICA は 2020 年に入って，チョコレートの原料になるカカオの持続可能なサプライチェーン作りのためのプラットフォーム事業に着手した（サステナブル・カカオプラットフォーム）．これは JICA が市民社会（児童労働に取り組む NGO である ACE など），チョコレート関連企業，生産国政府（ガーナ等）とともに，カカオの生産過程に児童労働が入らない（児童労働フリーゾーンの宣言など）ことを目指す動きである．これは官民連携のサプライチェーンマネジメントの一例と言えよう．

　また，労働者の人権についてもやはり JICA が 2020 年 11 月に「責任ある外国人受け入れプラットフォーム」という試みを開始し，JICA と ASSC（アスク）という日本の NGO が事務局を担っている．これは日本国内の外国人労働者，特に

現在増加中のベトナム，ネパール，ミャンマーなど途上国からやってきた労働者（技能実習生など）の労働環境，生活環境が整備されるための取り組みを，企業や自治体とともに整備していこうという動きであり，サプライチェーンに関与する国際協力が，日本国内を舞台としても可能であることを示している．

1.13　利己的な利他主義の可能性

　新型コロナ感染症流行当初から，グテーレス国連事務総長や WHO（世界保健機関）は繰り返し，「途上国の感染はこれから危機的な状況になる」と警告し，コロナ対策の国際的な協力を特に先進国に求めている．先進国でも 2020 年 10 月後半にヨーロッパでは第二派の感染の波が起きたし，日本では 2020 年末から 21 年 2 月にかけて第三波が，同 4 月から 6 月にかけて第四波，7 月には東京オリンピックと並行して第五波が相次いで発生した．ワクチンの接種がはじまっても，2021 年中に世界中でコロナが収束していくことは期待できない．そして今後，アフリカや南アジア，中南米でさらなる感染爆発が起きる可能性が引き続き危惧されている．

　2020 年にアメリカのトランプ大統領やブラジルのボルソナル大統領は，WHO の姿勢が中国に偏っていることを理由に資金拠出をしないと表明したが（アメリカは 2021 年 1 月，バイデン大統領就任に伴い WHO への拠出を再開），WHO がなければ国際協調による途上国に対する感染防止策など不可能である．この意味でもコロナ状況下では国際協調が絶対に必要である．先進国での感染が抑制されても，途上国での感染が収まらなければ次々と別の経路でウィルスが侵入してくるからである．

　これは国内の貧困層の感染予防対策も同様である．自分たちが「三密」を回避できても，同じ社会に住んでいる三密状況を回避できない路上生活者や貧困層の中でコロナウィルスがまん延すれば，自分たちの感染リスクが高まる．この意味でコロナ対策における途上国支援，貧困層支援は自分自身の安全のためでもあり，「情けは人の為ならず」といえる．つまりある種の利己的な利他主義がここに成立する可能性がある．

　そして，With コロナの SDGs 時代においては途上国支援，貧困層支援はこれまでのように篤志家・慈善家，援助機関・国際機関，NGO の仕事に留まらず，むし

ろビジネスセクターこそが主役たりうる．企業が，自らのサプライチェーンから利潤を上げようと思ったら，サプライチェーン上の労働者を感染症の脅威からも守らなければならない．それゆえ，この「利己的な利他主義」がSDGsの推進力となる可能性があるのではないだろうか．

1.14　ゴール 17 パートナーシップと日本の役割

　サプライチェーンマネジメントをきちんと行おうとするならば，企業には公共性，倫理性，社会的責任が，従来以上に求められることが理解されたであろう．しかし，企業は利潤を生みださなければそもそも生き残っていけない．したがって公共性だけを考えた行動をとることは非現実的である．しかし，企業活動の基礎となっている経済システム自体も「変態」が求められているのだ．既に「株主至上資本主義」ではなく，「マルチステークホルダー資本主義」を唱える経営学者も増えている．個々の企業の努力だけでは経済を「変態」させることはできない．ここで重要になるのが，他のアクターとの協調である．そしてSDGsのゴール 17 はパートナーシップである．

　企業の社会性装備を公的機関がサポートする，企業の社会的責任活動を NGO が支援する，そうしたパートナーシップの可能性は大きい．このためにも，企業は NGO・市民社会と対話することが求められているのだが，日本ではまだまだ企業と NGO の間の相互不信が根強い．この相互不信を乗り越えて，お互いに SDGs 達成に向けたパートナーシップを構築するためには，大学や研究機関は，それを橋渡しする役割を期待されている．

　国連は，コロナ状況下で "Build Back Better" というスローガンを唱えている．前よりも良くなるためにこのコロナパンデミックという危機を活用することが求められているのである．冒頭で説明したように，SDGs は「すごく大胆な，指切りげんまん」であり，われわれの世界をトランスフォーム＝変態するために，サプライチェーンマネジメントを通じた日本の国際協力貢献の可能性を拡大していくことは意義のあるチャレンジではなかろうか．

■ 注と参考文献
1)　例えば，FRaU 誌 2019 年 1 月号，2020 年 8 月号

2）　朝日新聞 2018 年 8 月 10 日：スタバ，プラ製ストロー廃止　2020 年までに全世界で
　　　https://www.asahi.com/articles/ASL7B2DJLL7BUHBI009.html
3）　ナウティスニュース 2020 年 3 月 24 日：新型コロナでプラスチックに復活の兆し
　　　https://nowtice.net/news/216303/
4）　https://www.flickr.com/photos/rijans/8731789941/%E3%80%8D
5）　今治タオル公式総合案内サイト：NHK「ノーナレ」報道についてのご報告
　　　https://www.imabaritowel.jp/wp/?p=4984

2. 自然災害への取り組みとSDGs

永見光三，松丸 亮

2.1 グローバルアジェンダにおける防災の重要性

貧困解消に加えて，持続可能な都市及び人間居住を実現し，気候変動影響を軽減するなどの観点からも，防災は「人間の安全保障」や「持続可能な開発」に不可欠である．以下，その理由を確認したい．

2.1.1 災害とは何か

災害とはUNDRR[1]によれば「ハザードと曝露，脆弱性及び対応能力の状況があいまって，コミュニティまたは社会の深刻な機能停止を引き起こし，さらにそれが人的，物質的，経済的，環境的な損失や被害につながること」と定義されている．

つまり，ハザードが起きればただちに災害が起きるわけではなく，時間的・空間的にハザードへの曝露（E：Exposure）を抑制できれば，また社会の脆弱性（V：Vulnerability）が高くなければ，さらに対応能力（C：Capacity）が十分に備わっていれば，ハザードがたとえ起きたとしても災害を最小限にくいとどめることができる．

したがって，災害とは外因的なハザードがきっかけとなって生じるものではあるが，内因的なコミュニティや社会の状態や能力によって，被害の大小が決まるものであるということになる．さらにいえば，内因的なこれら要因は過去の開発の結果でもあるわけで，災害はそれまで行われてきた開発の結果が果たしてどうだったのかを問う機会にもなる．

　さらに，上記の UNDRR の定義のとおり，災害は「社会の機能停止が，人的，物質的，経済的，環境的な被害につながる」ともされており，一次的な被害が連鎖してさらに副次的・複合的に様々な被害を引き起こす特性ももっている．この特性には二つの側面があり，一つはハザードの一次的ショックが累次にわたってコミュニティや社会の中で地域的・空間的・階層的に時間差をもって多段的に波及して特性である．これを本章では「多段的」連鎖特性とよぶこととする．つまり，コミュニティや社会全体が同時に一期に災害の影響を受けるわけでなく，災害は徐々に段階的に広がっていく特性をもっている．もう一つは，ハザードの一次的なショックが，多様なセクターに関連し波及していく特性である．これを本章では「多元的」連鎖特性とよぶこととする．例えば，洪水や地震などの自然ハザードは，最初にインフラや資産の損壊をもたらすが，それは国・社会の社会，経済，環境，文化，ガバナンスといったあらゆるセクターにも影響をもたらしていく．これらの多様な影響が複雑に絡み合って複合し，復旧・復興の取り組みをより複雑で難しいものにしていく理由にもなっている．

　このような災害がもつ多段的及び多元的連鎖特性のため，ハザードによる物理的な損壊にとどまらず，コミュニティや社会はさらに長い期間にわたって経済システム（個人の場合は所得）など様々な面で災害の影響を受けることになる．さらに，災害が起きるたびに多様な結果としての現象が取り沙汰され，それに対処するための取り組みや議論が非常に発散し，何が国・社会全体から見て最適な災害対応の取り組みなのかの判断が非常に難しい原因ともなっている．

2.1.2　災害と人間の安全保障

　災害は，ハザードがコミュニティや社会に与える被害の多段的及び多元的な連鎖であるが，コミュニティや社会を構成している個人・世帯に一様に被害がふりかかるわけではない．

　自然災害の場合，物理的な外的ショックが到来すると，最初にインフラや資産に物理的な破壊や機能損失が生じる．ハザードによる一次的な被害は，居住し生活し就労・就学する住宅・オフィス・学校等の資産の物理的な堅牢さや，ハザードに曝露するかどうかの地理的・空間的な位置等によって決まる．このため，個人や世帯のレベルで，空間的なロケーションや資産強度の面で相対的に脆弱性が高い貧困層ほど大きな被害を受けやすい．また，物理的な資産が被害を受けるこ

とによって，感染症や疾病や精神的なダメージも引き起こされていく．

　さらに，社会的な脆弱層は，所得が低いだけでなく，権利やサービスへのアクセスの面でも不利であり，より深刻に副次的・複合的な連鎖被害を長期にわたって受けることになる．このように，災害の影響は，コミュニティや社会の中で等しく一様に及ぶわけではなく，脆弱層により深刻により長期にわたって被害をもたらし，結果として社会に元から潜在・顕在する不公平や不平等や格差をさらに大きくするという側面がある．すなわち，災害は人間の安全保障実現のためには極めて重要な課題となっている．

2.1.3　防災と持続可能な開発の関係

　災害が国・社会にもたらす損失によって経済及び社会の発展は大きく停滞・後退する．資産やインフラが災害によって被害を受け，人的な被害をもたらすだけでなく，さらにその被害によって経済・社会サービスや活動が中断・途絶する．そのような多段的及び多元的な連鎖被害によって，災害が国・社会の開発を大きく後退・停滞させることになる．

　さらに，自然ハザードの発生は時期や頻度だけでなく強度も正確に予測可能できるわけではないことから開発過程で完全な抵抗力を予め具備することは難しく，またそのような抵抗力を向上させることと，効率的な経済発展を両立させることは容易でない．そのため，災害リスクが意図的に軽視されるまたは無意識のうちに見落とされがちであり，予め曝露や脆弱性や対応能力といった面での事前防災施策が十分おこなわれないまま，災害がひとたび発生すれば，我々の国や社会は人的・経済的に大きな損失を被る．持続可能な開発のためには，平時から事前に防災施策を行って，災害が起きたとしても深刻化を避けることが不可欠となっている．

2.1.4　仙台防災枠組（SFDRR）とSDGs

　第3回国連防災世界会議の成果文書として採択された仙台防災枠組（SFDRR：Sendai Framework for Disaster Risk Reduction）は，効果的に災害リスクを削減するための四つの優先行動にくわえて表2.1のとおり達成すべき七つのグローバルターゲットも設定している．

　これに対してSDGでもこれらと同一または関連するSDGゴール，ターゲット

表 2.1　仙台防災枠組（SFDRR）のグローバルターゲット[2]

グローバルターゲット a（GTa）	災害による世界の 10 万人当たり死亡者数について，2020 年から 2030 年の間の平均値を 2005 年から 2015 年までの平均値に比して低くすることを目指し，2030 年までに世界の災害による死亡者数を大幅に削減する．
グローバルターゲット b（GTb）	災害による世界の 10 万人当たり被災者数について 2020 年から 2030 年の間の平均値を 2005 年から 2015 年までの平均値に比して低くすることを目指し，2030 年までに世界の災害による被災者数を大幅に削減する．
グローバルターゲット c（GTc）	災害による直接経済損失を，2030 年までに国内総生産（GDP）との比較で削減する．
グローバルターゲット d（GTd）	強靱性を高めることなどにより，医療・教育施設を含めた重要インフラへの損害や基本サービスの途絶を，2030 年までに大幅に削減する．
グローバルターゲット e（GTe）	2020 年までに，国家・地方の防災戦略を有する国家数を大幅に増やす．
グローバルターゲット f（GTf）	2030 年までに，本枠組の実施のため，開発途上国の施策を補完する適切で持続可能な支援を行い，開発途上国への国際協力を大幅に強化する．
グローバルターゲット g（GTg）	2030 年までに，マルチハザードに対応した早期警戒システムと災害リスク情報・評価の入手可能性とアクセスを大幅に向上させる．

は表 2.2 のとおり設定している．ここで明らかなとおり，SFDRR と SDG は非常に密接な関係をもっており，持続可能な開発の達成のために防災取組が必要になっていることの証左となっている．

2.1.5　災害被害の現状

1994 年から 2019 年までの災害統計（EM-DAT）[4] による被害実績をみると，災害死者数（GTa；図 2.1）及び災害被災者数（GTb；図 2.2）はいずれも減少傾向にあるのに対して，経済損失（GTc；図 2.3）は増加している．2030 年までのSDGs 及び SFDRR の目標年までの残り期間で，この増加傾向にある経済損失をいかに減少傾向に向かわせることができるかが問われている．

しかし，気候変動影響によって自然ハザードはますます激甚化し高頻度化しており，さらに開発途上国も都市化の進展によって，これまで経験的に居住が避け

表 2.2　災害に関連する SDG 指標（文献[3] をもとに筆者作成）

SDG ゴール	ターゲット	指標	関連する SFDRR の GT
ゴール 1 あらゆる場所のあらゆる形態の貧困を終わらせる.	**1.5** 2030 年までに，貧困層や脆弱な状況にある人々の強靱性（レジリエンス）を構築し，気候変動に関連する極端な気象現象やその他の経済，社会，環境的ショックや災害に暴露や脆弱性を軽減する.	**1.5.1** 10 万人当たりの災害による死者数，行方不明者数，直接的負傷者数. **1.5.2** グローバル GDP に関する災害による直接的経済損失. **1.5.3** 仙台防災枠組み 2015-2030 に沿った国家レベルの防災戦略を採択し実行している国の数. **1.5.4** 国家防災戦略に沿った地方レベルの防災戦略を採択し実行している地方政府の割合.	GT a 及び GTb GTc GTe GTe
ゴール 2 飢餓を終わらせ，食料安全保障及び栄養改善を実現し，持続可能な農業を促進する.	**2.4** 2030 年までに，生産性を向上させ，生産量を増やし，生態系を維持し，気候変動や極端な気象現象，干ばつ，洪水及びその他の災害に対する適応能力を向上させ，漸進的に土地と土壌の質を改善させるような，持続可能な食料生産システムを確保し，強靱（レジリエント）な農業を実践する.		
ゴール 9 強靱（レジリエント）なインフラ構築，包摂的かつ持続可能な産業化の促進及びイノベーションの推進を図る.	**9.1** 全ての人々に安価で公平なアクセスに重点を置いた経済発展と人間の福祉を支援するために，地域・越境インフラを含む質の高い，信頼でき，持続可能かつ強靱（レジリエント）なインフラを開発する.		
ゴール 11 包摂的で安全かつ強靱（レジリエント）で持続可能な都市及び人間居住を実現する.	**11.5** 2030 年までに，貧困層及び脆弱な立場にある人々の保護に焦点をあてながら，水関連災害などの災害による死者や被災者数を大幅に削減し，世界の国内総生産比で直接的経済損失を大幅に減らす.	**11.5.1** 10 万人当たりの災害による死者数，行方不明者数，直接的負傷者数. **11.5.2** 災害によって起こった，グローバルな GDP に関連した直接経済損失，重要インフラへの被害及び基本サービスの途絶件数.	GT a 及び GTb GTc

表 2.2 （続き）

（ゴール 11 続き）	**11.b** 2020 年までに，包含，資源効率，気候変動の緩和と適応，災害に対する強靱さ（レジリエンス）を目指す総合的政策及び計画を導入・実施した都市及び人間居住地の件数を大幅に増加させ，仙台防災枠組 2015-2030 に沿って，あらゆるレベルでの総合的な災害リスク管理の策定と実施を行う．	**11.b.1** 仙台防災枠組み 2015-2030 に沿った国家レベルの防災戦略を採択し実行している国の数． **11.b.2** 国家防災戦略に沿った地方レベルの防災戦略を採択し実行している地方政府の割合．	GTe GTe
ゴール 13 気候変動及びその影響を軽減するための緊急対策を講じる．	**13.1** 全ての国々において，気候関連災害や自然災害に対する強靱性（レジリエンス）及び適応の能力を強化する．	**13.1.1** 10 万人当たりの災害による死者数，行方不明者数，直接的な負傷者数． **13.1.2** 仙台防災枠組み 2015-2030 に沿った国家レベルの防災戦略を採択し実行している国の数． **13.1.3** 国家防災戦略に沿った地方レベルの防災戦略を採択し実行している地方政府の割合．	GTa 及び GTb GTe GTe

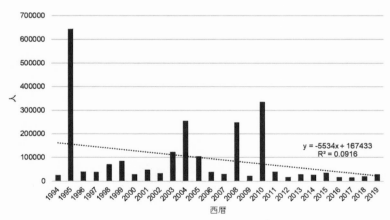

図 2.1 世界の災害死者数の推移（災害統計[4]より作成）

られてきた傾斜地，地盤の軟弱な土地，河川氾濫原などの災害リスク区域が利用されるようになり，また，脆弱な建築物が無秩序に過度に密集していくなど，経済発展がさらに災害リスクを増大させている状況も生じている．放置すればます

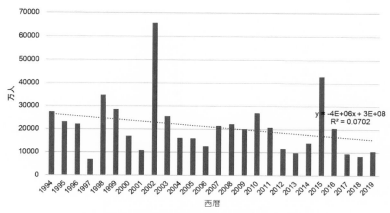

図 2.2　世界の災害被災者数の推移（災害統計[4]より作成）

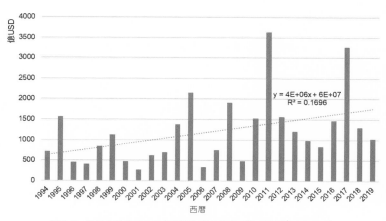

図 2.3　世界の災害による経済損失額の推移（災害統計[4]より作成）

ます増大していく経済損失を，いかに効果的・効率的に防ぎながら，経済発展を遂げていくかが重要な課題となっている．

　なお，災害統計（EM-DAT）[4]をみると，大きい順から台風・暴風雨（storm），地震（earthquake），洪水（flood）による経済損失が大きくなっている（図 2.4）．地域によってより発生頻度の高い災害種を見極めながら，地域によって適切な防災施策を講じる必要がある．

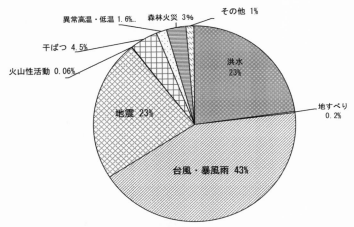

図 2.4 世界の経済損失額の災害種別内訳 (1994-2019 年, 災害統計[4] より作成)

2.2 効果的な防災取組のあり方

　このように，災害は，過去の開発の在り方が被害の大小を左右し，ひとたび起きれば開発を著しく阻害するだけでなく貧困層をさらに開発から取り残す原因にもなる，という性質をもつものであり，持続可能な開発には，災害発生の有無にかかわらず平時から常に災害リスクを削減していくことが不可欠であるといえる．また，人間を格差や貧困などの脅威から解放し，基本的な権利を保障するためにも不可欠なものであり，人間の安全保障の実現にも不可欠な取り組みとなっている．開発途上国が急速な発展を遂げていく中で，都市化，グローバル化や気候変動影響などにより，災害リスクは一層増大しており，防災の必要性はさらに高まっている．

2.2.1 災害リスク要因と災害リスク削減方策

　具体的にどのような開発が災害を抑えることにつながるのか．前述のとおり自然ハザード現象そのものは，いつどこでどのような大きさで発生するするのかはわからない．したがって，ハザードが発生する前に事前にコントロールできるのは，災害リスクであり，それらの要素となっている曝露，脆弱性，対応能力のそれぞれとなる．

表2.3 MOVEフレームワークにおける各災害リスク要因[5]

Wisner (2004)[6]	MOVE（Birkmann et al. (2013)[7]）	
	要因	詳細内容
災害リスク (R) ハザード（H）	ハザード（H）	・自然現象（Natural events） ・社会自然現象（Socio-natural events）
脆弱性（V）	曝露（E）	・時間的（Temporal） ・空間的（Spatial）
	感受性（S）	・物理的（Physical） ・経済的（Economic） ・社会的（Social） ・文化的（Cultural） ・環境的（Ecological） ・制度的（Institutional）
	レジリエンス欠如（Lack of Resilience）	・予測力（Capacity to anticipate） ・対応力（Capacity to cope） ・回復力（Capacity to recover）
	適応能力（A）	・ハザード介入（Hazard intervention） ・脆弱性介入（Vulnerability intervention） ・曝露削減（Exposure reduction） ・感受性削減（Susceptibility reduction） ・レジリエンス強化（Resilience improvement））

　表2.3は，BirkmannらがMOVEで提示した内容をもとに災害リスク要因を分解したものとなっている．Birkmannらは，災害リスクは，ハザードと，曝露，感受性，レジリエンス欠如及び適応能力からなる脆弱性により決まるとした．この多様な要因による災害リスクを平時からまたは災害発生後にいかに低減できるかが，開発ひいては持続可能な開発に必要となるといえる．

　災害リスクは，表2.3のとおりハザードだけで生じるのではなく，それを受け止める社会の脆弱性（V）が呼応することによってはじめて生じるものである．脆弱性（V）は，社会そのものに元から内在する内因的なものに左右されるものであり，これら要因を低減させることが災害リスクを削減することにつながる．つまり，災害リスク削減のためには，社会システムの内因的な要因（曝露，感受性，レジリエンス及び適応能力）と，外因的な要因（ハザード）の両方に働きかけて改善する必要がある．このような考え方に基づき，災害リスク削減方策を災害リスク要因別に区分整理したものが表2.4であり，災害リスク削減のための取り組

表 2.4　災害リスク要因ごとの災害リスク削減方策（文献[5] から引用）

災害リスク要因				災害リスク削減方策
災害リスク（R）削減	ハザード（H）抑制			ハザードの発生源に対する働きかけ
	脆弱性（V）低減	曝露（E）低減		ハザード影響を受ける地理的・時間的な影響範囲からの離脱
		感受性（S）低減	物理的感受性（S1）低減	安全な物理的資産及びインフラの確保
			社会的感受性（S2）低減	社会システム強化，脆弱な社会特性の改善
			経済的感受性（S3）低減	経済生産活動の継続性向上，生計活動の物理的資産への依存度低減
			文化的感受性（S4）低減	習慣，慣習，伝統知識の継続性向上，物理的資産への依存度低減による継続性確保
			環境的感受性（S5）低減	生態システム，生物物理システム及びそれら機能の継続性強化
			制度的感受性（S6）低減	政府システム，組織形態，機能，ルールの継続性強化
		レジリエンス（Re）向上	レスポンス能力（C）向上	政府の能力強化，災害対応能力強化，自助・共助など社会資本充実，保健医療サービス強化
			適応能力（A）向上	教育レベル向上，研究強化，ジェンダー平等性向上，環境管理強化

みには多様なものがあることがわかる.

　逆にいえば，かかる多様な災害リスク要因が，災害の「多段的」及び「多元的」連鎖特性の原因となっているともいえる．つまり，ハザードによるショックが，空間的・階層的に時間差をもって段階的に広がっていくだけでなく，さらに多様なセクターに関連し波及していくため，この影響を受けるものだけでなく影響に応じて対応・収拾するものすべての抵抗力や対応力が災害リスクの要因になりうるのである.

2.2.2　災害の「多段的」連鎖特性を踏まえた取り組み

　「多段的」連鎖特性のために，災害によって生じる現象には一定の時間的なシークエンス（順番）がある．したがって，災害が発生し連鎖するメカニズムを理解したうえで，より根源的な原因を改善していくことを目指していかねばならない．災害が引き起こす複雑な結果としての現象への対症療法や短期的な救済にとどまってしまえば，最適な災害リスク削減を達成することはできず，ひいては人間の安全保障や持続可能な開発の実現はできない．いかに連鎖反応の中のなるべく上

流部分を抑えることができるかが重要である．また，上流段階ほど連鎖して波及する影響範囲が広くなり，防災施策の公益性がより強くなることから，政府による公共投資の必要性が高い．具体的な上流段階での対策としては，ハザード抑制，曝露低減及び物理的な感受性低減の大きく三つの取り組みがある．

a　ハザード抑制

まず，自然現象としてのハザードが制御できるものについてはその制御をすることが最も効果が大きい．ただし，外的ショックの物理的な特性はハザードの種類によって異なり，その削減方策もハザードの種類によって異なる．

地震，火山，暴風といったハザードは，人為的にハザードそのものを抑制や緩和することができない．その一方，洪水，地滑り，高波といったハザードは，発生源が地理的・空間的に限定され発生メカニズム上も明らかなものが多く，物理的な「防災インフラ」（堤防，擁壁，ダムなど）による制御可能性が高い．たとえば洪水については，流域全体で水がどのように滞留し流下していくのかを把握したうえで，効率的・効果的に流域全体で水を制御できれば，洪水の発生を防ぐことができる（図2.5）．河道に水を安全に流すだけでなく，氾濫原や遊水地によっ

図 2.5　2020 年 11 月の台風ユリシーズで被災したマニラ市内（JICA フィリピン事務所提供）
1988 年に日本の支援により完成したマンガハン放水路や数次にわたる河川改修事業によって氾濫を最小限にくいとどめた．

て水を一時的に滞留させることも可能である．高潮や土砂災害も同様にハザード
そのものを抑制することは可能である．そのような種類のハザードについては，
「防災インフラ」への公共投資によって，国・社会にふりかかる物理的なショック
を最小限にくいとどめるかが重要となる．

b　曝露低減

洪水，地滑り，高潮などの制御可能なハザードについても，近年の気候変動に
よるハザード激甚化を踏まえても，予め完全にハザードを制御することは難しい
だけでなくコストも莫大になるため，防災インフラのみに依存するのでなく，被
災リスクのある区域への居住制限による曝露低減も組み合わせることが妥当であ
る．国土交通省による“流域治水”の考え方[8]でも，【被害対象を減少させるため
の対策】として「氾濫した場合を想定して，被害を回避するためのまちづくりや
住まい方の工夫等」の必要性をうたっており，具体的な取り組みとして土地利用
規制・誘導や移転促進を例示している．

また，そもそも制御が困難な地震，火山といったハザードについても，液状化
リスクが高い区域，断層周辺，火口付近といった予め甚大なハザード強度が想定
される区域への居住制限を行うことが必要になる．

c　物理的感受性の低減

ハザードによる外的ショックは，洪水，地滑り，高潮などの制御可能なハザー
ドについては「防災インフラ」によって緩和され，地震，火山，暴風といった人
為的にハザードそのものを抑制や緩和することができないものについてはそのま
ま，しかし曝露低減による緩和をいったん経て，個々のインフラや公共施設や民
間所有資産にふりかかってくることになる．このため，これらのインフラや資産
を単体ごとにハザードに対して抵抗力の高いものにする必要がある．

特に水道，道路，電力等のライフラインや，病院・学校等の基礎的な社会サー
ビス施設といった「重要インフラ」については，これらに物理的な被害が生じる
ことによって人命や社会，経済，行政などのシステムや環境にも被害が国・社会
の中で連鎖的に波及していく．ここで公共投資が果たすべき役割として，個人が
避難するための避難設備や避難所を整備し，そもそも道路・鉄道，ライフライン，
学校・病院といった「重要インフラ」を災害に強いものにしておいて，いざとい
うときに機能停止することがないようにすることは非常に重要となる．これら「重
要インフラ」のハザードに対する抵抗力を強化することで，ハザードによる国・

社会全体への被害を抑制することができる．この「重要インフラ」の物理的感受
性の低減は，最も重要な災害リスク削減方策の一つである．

　なお，「防災インフラ」の有効性，つまり制御可能性が低いハザードほど，イン
フラや資産を単体ごとの抵抗力強化が災害リスク削減に果たす役割が大きくなる．
つまり，洪水や地滑りでは国や社会として「防災インフラ」によってハザードそ
のものを抑制することができるが，個人や世帯としてはより防御機能の高い高床
式の住宅にするか自主的により安全な場所に移転することによる曝露低減の努力
を行うといった限られた対策しかとることができない．逆に，地震については，
「防災インフラ」としての対策は困難であり，防災集団移転や公営集合住宅建設と
いった公的な対策を除けば，個人や世帯レベルでの住宅安全強化が極めて重要な
対策となる．

2.2.3　災害の「多元的」連鎖特性を踏まえた取り組み

　ハザードは，上記のようなハザード抑制や曝露低減によって完全に無害化され
ない限りは，国・社会に一次的な被害をもたらし，さらにそこから連鎖して副次
的・複合的に様々な被害を引き起こすことになる．また，防災インフラ整備や重
要インフラ強化といった構造物対策は時間もコストも要し，さらに開発途上国に
おいては，過去の防災投資実績が限られ構造物対策の現状は非常に不十分なレベ
ルにとどまっていることから，着実にその実施を推進しつつも，目の前の残存リ
スクに非構造物対策をもって対処することも同時に必要である．現実的にどのよ
うな対策が有効になるのかを概観していく．

　副次的な被害を抑制するためには，国・社会の内因的な脆弱性を低減するため
のあらゆる取り組みが必要になる．以下のような多元的な取り組みのすべてが災
害リスク削減方策となる．ただし，これらはあくまでも副次的な災害をいかに抑
制するかの措置であって，根本的な災害リスク削減措置とはならない点には留意
が必要である．

a　社会的，経済的等の感受性低減

　社会的感受性の低減とは，教育，医療，福祉といった様々な社会サービスのハ
ザードに対する抵抗力を強化することである．これらサービスを提供するための
施設などのハード面の強化だけでなく（これらの一部は物理的な感受性低減に含
まれる），要員体制や能力面でのソフト面での抵抗力も含まれる．また，脆弱層に

対するサポートシステムなど格差や貧困に対する平時からの対応もここに含まれる．同様に経済的感受性の低減とは，第一次産業から第三次産業までのあらゆる産業システムが，ハード面だけでなくソフト面でも，ハザードのマイナス影響を受けにくくすることである．さらに，環境システム（生態系），文化・慣習・伝統，ガバナンスシステム（制度的）といった面で，国・社会の機能停止を最小限にくいとどめるための方策が必要となる．

つまり，これらの国・社会の感受性を低減させることは，すなわち平時の社会・経済開発をいかに適切に効果的に行うのかということとも密接に関連しているともいえる．ある国がいかに経済成長を遂げようと，格差や貧困が拡大したまま放置され，社会システムや経済システムがハード・ソフト両面で脆弱なままであれば，それはそのままハザードが発生した際には大きな被害を受けることになり，持続可能な開発にも人間の安全保障の実現にもつながらないのである．

b　レスポンス能力及び適応能力の向上

これは，発災直後の混乱を収拾するための緊急対応システムを強化させることである．そのためには，緊急対応に関する政府の災害対応能力強化，また，自助・共助をよりよく機能させるための社会資本充実，緊急保健医療サービス強化などが含まれる．

また，目の前の災害対応にとどまらず，将来災害に備えるための学習作用も含めた適応能力の向上も重要である．

2.2.4　開発と防災の両立のあり方

ここまで見てきたとおり，災害リスク削減のための最も効果的な方策は，なるべく災害の多段的連鎖の上流で，ハザード抑制し，曝露低減し，物理的な感受性を低減することである．しかし，これら方策の方法や有効性は，ハザード種別によって異なり，地域ごとに頻度及び被害の大きなハザードを見極めて事前防災投資によって方策を講じる必要がある．この「連鎖の上流段階での災害リスク削減」は最も効果的な災害リスク削減方策である．

しかし，気候変動影響によって激甚化し高頻度化する自然ハザードへの対応や，開発途上国では構造物対策の過去の蓄積が非常に乏しいという実態を踏まえると，現実的にはより短期的な措置として，副次的な災害を抑制するために社会的や経済的といった側面での感受性を低減することや，レスポンス能力を向上させるこ

とも実際には必要となっていく．ただし，これらの措置はあくまでも現実的な対
抗措置であることを前提とし，不断の努力によってやはり「連鎖の上流段階での
災害リスク削減」を政府が責任をもって講じることを長期的に目指すことが非常
に重要である．

2.3 2030 年に向けた防災取り組み

2.3.1 コロナ禍を踏まえた防災支援

　コロナ禍を経て，これからの災害リスク削減や防災支援がどのような展開をし
ていく必要があるのかについて考えたい．まず，コロナも UNDRR の定義として
はハザードに包含される感染症のうちの一つであり，コロナであってもそれによ
って引き起こされる被害は災害である．しかも，自然ハザードとコロナは複合し，
さらに複雑な多段的連鎖を引き起こす．例えば，地震や洪水発生時にいかに避難
場所でのコロナ感染を抑制するのか，より脆弱な高齢者や慢性疾患をもつ人をど
のように守るのか，さらに感染者はどのように避難すればよいのかなど，これま
での自然ハザード対応よりも複雑で難しい対応が迫られることになる．

　世界中の国々がコロナ禍への対応にいわばパニック状態となっており，どのよ
うな災害対応が必要なのか，そもそもコロナにどのように対応すればよいのか模
索と混乱が続いている．さらには，コロナ禍の影響が甚大なため，各国政府はそ
もそも自然ハザードへの対応よりもコロナ対応に多くの人的・予算的リソースが
割かれる状況にもなっている．

　しかし，そうしている間にも気候変動や都市化進展に伴う自然ハザードによる
災害リスクの増大は続いており，ここで自然ハザードに対する災害リスク削減努
力を停滞させることは近い将来にさらに大きな災害が生じることにもなってしま
う．

　また，コロナなど感染症対策と自然ハザードに対する災害リスク削減の共通点
も少なくない．例えば 2.2.3 項に示したような，社会的や経済的な感受性の低減
方策は，自然ハザードであろうが感染症であろうが共通して効果を発揮する．ま
た，レスポンス能力を平時から向上しておくことも共通して有効である．格差や
貧困の是正を含めて，こういった社会や経済システムの開発そのものについて手
をゆるめることなく推進していくことが重要である．

その一方で，自然ハザードに対する「連鎖の上流段階での災害リスク削減」も
ゆるめることがあってはならない．特に開発途上国は，これまで災害リスク削減
を犠牲にしながら，高度成長を達成してきた国が多い．そういう国が，コロナ禍
がいずれ収束したときに，一気に経済回復を挽回するために，災害リスクをさら
に蔑ろにするような開発を進めたとすれば，将来の洪水や地震といった自然ハザ
ードによって被る被害はますます大きくなってしまうであろう．

2.3.2 これからの防災のあるべき形

SDG や SFDRR の期限まで残り 10 年となった 2020 年はコロナ禍に世界中が翻
弄される年となった．しかし，その一方で，気候変動というますます強大化する
脅威だけでなく，都市の更なる膨張といったこれまでの開発が生み出した新たな
リスクによって，人類は多様なリスクに同時に対処しなくてはいけない時代に突
入していることが改めてこれまで以上に強く認識させられることになった．

これからの世界は開発が進めば進むほど，さらに複雑で多様なリスクに同時に
曝されることになっていくであろう．開発だけでなく同時に防災を両立させるこ
とこそが，持続可能な開発の実現には不可欠であり，そのためには，「連鎖の上流
段階での災害リスク削減」を常に意識した政府による責任ある公共投資を通じた
事前防災投資が必要である．普段からシステマティックな災害リスク理解と，根
本的な災害リスク削減がやはり最優先であることを認識させることを緩めてはな
らない．不断の努力を国・社会の総力を挙げて取り組まねばならないことを常に
意識することを国際社会全体がもたねばならない．

■注と参考文献

1) UNDRR（2020）：Terminology "Disaster".
   https://www.undrr.org/terminology/disaster
2) 外務省（2015）：仙台防災枠組 2015-2030（仮訳）
   https://www.mofa.go.jp/mofaj/files/000081166.pdf
3) 外務省（2020）：SDG グローバル指標（SDG Indicators）
   https://www.mofa.go.jp/mofaj/gaiko/oda/sdgs/statistics/index.html
4) The International Disaster Database, Centre for Research on Epidemiology of Disasters.
   （CRED） https://www.emdat.be/
5) 永見光三，宮野智希，西村直紀，鳥海陽史，塚原奈々子，中村あゆ子（2020）：地震復興に
   おける包摂性に配慮した Build Back Better の実践的手法：JICA ネパール地震復興事業に
   基づく論考

https://www.jica.go.jp/jica-ri/ja/publication/fieldreport/l75nbg000019kzco-att/JICA-RI_FR_No.05.pdf

6) Wisner, Blaikie, Cannon and Davis (2004)：*At Risk: natural hazards, people's vulnerability and disasters Second edition.*
   http://www.preventionweb.net/files/670_72351.pdf

7) J. Birkmann, O. D. Cardona, M. L. Carren ̃o, A. H. Barbat, M. Pelling, S. Schneiderbauer, S. Kienberger, M. Keiler, D. Alexander, P. Zeil, T. Welle (2013)：*Framing vulnerability, risk and societal responses: the MOVE framework.*

8) 国土交通省（2020）：気候変動を踏まえた水災害対策検討小委員会「気候変動を踏まえた水災害対策のあり方について答申」
   https://www.mlit.go.jp/river/shinngikai_blog/shaseishin/kasenbunkakai/shouiinkai/kikouhendou_suigai/pdf/02_gaiyo.pdf

3. SDGs 達成に向けた統合水資源管理のあり方

松本重行

3.1 開発途上国における水資源管理の課題

　地球上に存在する水は，太陽エネルギーと重力によって循環しているため，繰り返し利用できる再生可能な資源である．世界の河川における年間の流出量は45,000km^3 なのに対して，年間の取水量は10%以下の3,800km^3 にすぎないという推計もある[1]．このようにフローとして見た場合の水資源は，地球全体でみれば十分な量が存在する．しかし，空間的・時間的に偏在しており，乾燥地・半乾燥地にあたる地域や乾期にあたる時期では，人間が利用できる水量は限られている．

　また，上記の自然条件による水資源の偏在に加え，人為的な理由による地域の水需要量と水資源量のミスマッチが大きな課題となっている．人口や経済活動の増加，生活水準の上昇による一人当たりの水使用量原単位の増加，灌漑農地の拡大等による水需要の増加によって，水の需要と供給の関係は逼迫しつつあるといわれている．20世紀の100年間における灌漑用水，生活用水等の取水量の伸びは，人口増加率の2倍近くとなっており[2]，国連の推計[3] によると，水不足の影響を受けている人々は2015年時点で29億人以上とされている．2010年には農業用水，生活用水，工業用水等の水需要量に対して，安定的に利用可能な世界の水資源量は7%不足していたが，2030年には水資源量の不足が40%に拡大するとの予測もある[4]．図3.1に水ストレスの分布状況を示す．ここでいう水ストレスとは，年間の利用可能な流量に対する取水量の割合であり，高いほど水利用者間での競争が激しいことを示唆している．

　開発途上国では都市化が進行しており，村落人口は2020年頃に減少に転じると

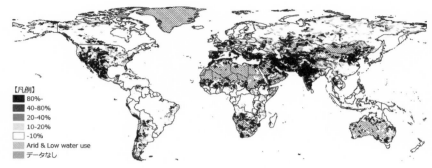

図3.1 水ストレスの状況（文献[5] を一部改変）

予想されているのに対して，都市人口は増加の一途をたどっていることから[6]，都市の水需要は今後も増加し続けると予測され，水の配分をめぐるコンフリクトや水質汚濁，水不足などの問題も激化すると考えられる．

さらに，気候変動の影響による旱魃の増加・激甚化によって，水不足がますます深刻化することが懸念されている．

上述のような水資源をめぐる問題は，行政界をまたいだ河川の上流と下流のコンフリクト，収奪的な水利用によるアラル海等の湖沼の縮小，メコン河やナイル河におけるダム建設をめぐる上下流の国家間のコンフリクト，地下水位の低下やそれに伴う都市部での地盤沈下など，利害関係者間の合意形成に基づく解決を必要とする課題を引き起こしている．その背景には，水量や水質に関する基本的データや水に起因する各種問題に関する科学的知見の不足，多くの利害関係者やセクターを調整しつつ水資源の管理を行う責任主体の不在や能力不足，合意形成を促す協議メカニズムの不在などの問題がある．技術的には下水の再生処理，海水や汽水の淡水化，深層に存在する地下水の揚水，遠隔地からの長距離の導水なども可能となっているが，そのためのインフラを整備し，持続的に稼働させるためには，多大なエネルギーとコストが必要であり，先進国や産油国等の経済力のある国でないと，その恩恵を受けることは難しい．

World Economic Forum が発表している Global Risks Report では，2012 年以降 2020 年版まで連続して，影響の大きなリスクのトップ5に水危機がランクインしている．水供給の持続性を高めるためにも，適正な水資源管理が必要である．

3.2 SDGs における統合水資源管理の位置づけ

　SDGs には，ゴール 6「すべての人々の水と衛生の利用可能性と持続可能な管理を確保する」という水・衛生に特化した目標が設けられている．その下には 8 つのターゲットが設定されており，水供給（ターゲット 6.1），衛生（同 6.2），水域の水質改善（同 6.3），水利用効率の向上と持続的な取水（同 6.4），統合水資源管理（同 6.5），水域生態系の保全（同 6.6），国際協力と能力構築支援（同 6.a），地域コミュニティの参加（同 6.b）となっている（表 3.1）．

　ターゲット 6.1 と 6.2 の水供給と衛生は，SDGs の前身となるミレニアム開発目標（MDGs）から引き継がれており，SDGs で追加されたターゲットは 6.3，6.4，6.5，6.6，6.a，6.b である．水資源をめぐる問題の深刻化に伴い，水質汚濁を抑制し，環境や生態系を守りつつ，限られた水資源を効率的に配分・利用しながら，水資源を適切に管理していくことが重要であるという認識が広まったためであると考えられる．

　また，ゴール 1（貧困削減），11（都市・居住），13（気候変動対策）には治水に関するターゲットが含まれており，洪水，土砂災害，浸水などの水に起因する

表 3.1　ゴール 6 に掲げられているターゲット（文献[7] を一部改変）

6.1	2030 年までに，すべての人々の，安全で安価な飲料水の普遍的かつ平等なアクセスを達成する．
6.2	2030 年までに，すべての人々の，適切かつ平等な下水施設・衛生施設へのアクセスを達成し，野外での排泄をなくす．女性及び女子，ならびに脆弱な立場にある人々のニーズに特に注意を向ける．
6.3	2030 年までに，汚染の減少，投棄廃絶と有害な化学物質や物質の放出の最小化，未処理の排水の割合半減及び再生利用と安全な再利用の世界的規模での大幅な増加により，水質を改善する．
6.4	2030 年までに，全セクターにおいて水の利用効率を大幅に改善し，淡水の持続可能な採取及び供給を確保し水不足に対処するとともに，水不足に悩む人々の数を大幅に減少させる．
6.5	2030 年までに，国境を越えた適切な協力を含む，あらゆるレベルでの統合水資源管理を実施する．
6.6	2020 年までに，山地，森林，湿地，河川，帯水層，湖沼等の水に関連する生態系の保護・回復を行う．
6.a	2030 年までに，集水，海水淡水化，水の効率的利用，排水処理，リサイクル・再利用技術等，開発途上国における水と衛生分野での活動や計画を対象とした国際協力と能力構築支援を拡大する．
6.b	水と衛生に関わる分野の管理向上への地域コミュニティの参加を支援・強化する．

多くの災害に対して対処していくことも重要である.

　ターゲット 6.5 に掲げられている統合水資源管理（Integrated Water Resources Management：IWRM）の概念は，環境問題に関する世界初の大規模な政府間会合として 1972 年にストックホルムで開催された国連人間環境会議に萌芽がみられる．この会議で採択された「人間環境宣言」には，「合理的な資源管理を行い，環境を改善するため，各国は，その開発計画の立案にあたり国民の利益のために人間環境を保護し向上する必要性と開発が両立しうるよう，総合性を保ち，調整をとらなければならない」と書かれている．その後，1977 年に開かれた国連主催の水会議で採択された「マル・デル・プラタ行動計画」にも「個別の計画の立案・実施のための枠組みとして，また，計画の効率的運用の手段として，各国は，水の利用，管理および保全に関する政策の作成または見直しを行うべきである．国家開発計画および政策は，水利用政策の主な目的を明示して，総合的資源管理計画のガイドラインおよび戦略とすべきである」と書かれており，この時点で水資源を利用と環境保全の両面から総合的に管理する必要性が広く共有されたと考えられる．

　さらに，1992 年に開催された「水と環境に関する国際会議」で採択された「ダブリン原則」には，「水資源開発・管理はあらゆるレベルの水利用者・計画者・政策立案者を含めた参加型アプローチに基づくべきである」という原則が示されており，同じ年に開催された「国連環境開発会議」（地球サミット，リオサミット）で採択された「アジェンダ 21」にも反映された．ここでは，利害関係者の参加や対話を通じた利害関係の調整の重要性が示されている．1970 年代には開発と環境保全の両立が主たる論点であったのに対し，その後の水需給の逼迫や水資源の配分に関する問題の深刻化に伴い，水資源をめぐるコンフリクトの解決が新たなアジェンダとして重視されるようになったことを意味している．

　統合水資源管理の定義として国際的に広く知られているのは，統合水資源管理を推進するために世界銀行，国連開発計画（UNDP），スウェーデン国際開発庁（SIDA）等が 1996 年に設立した世界水パートナーシップ（GWP）による説明であり，「統合水資源管理とは，水や土地，その他関連資源の調整を図りながら開発・管理していくプロセスのことで，その目的は，欠かすことのできない生態系の持続発展性を損なうことなく，結果として生じる経済的・社会的福利を公平な方法で最大限にまで増大させることにある」とされている．また，何を統合的に

考えるのかをより具体的に示した説明としては，国土交通省が「IWRM とは，国際会議等での議論を踏まえると，水量と水質，地表水と地下水など，自然界での水循環における水のあらゆる形態，段階を総合的に考慮する視点，水資源のより効率的な使用のため，上下水道，農業用水，工業用水，環境のための水など水に関連する様々な部門を総合的に考慮する視点，中央政府，地方政府，民間，NGO，住民などあらゆるレベルでの関与を図る視点で水資源管理を行っていくことであると言える」としている[8]．

　ターゲット 6.5 には，2 つの指標が設定されている．「指標 6.5.1 統合水資源管理（IWRM）実施の度合い（0-100）」及び「指標 6.5.2 水資源協力のための運営協定がある越境流域の割合」である[9]．指標 6.5.1 は，各国が調査票の質問に対して，Very low（0 点）から Very high（100 点）までの 20 点刻み 6 段階のスコアを付け，それを集計して国全体の実施度合いをスコアで示すもので，国連環境計画（UNEP）が世界全体のモニタリングを主導している．調査票に記載されている統合水資源管理の実施度合いを判断する 33 の評価項目を，表 3.2 に示す．

　UNEP が 2018 年に公表した，この指標に関する 172 カ国のベースライン値を図 3.2 に示す．

　100 点満点のうち 71 点以上のスコアを報告した国は 19％あり，統合水資源管理に関する政策目標を達成しつつあると評価されている．51〜70 点のスコアを報告した国は 21％あり，多くの面で統合水資源管理の要素となる施策を実施中であると評価されている．それに対して，50 点以下のスコアを報告した国が 60％あり，統合水資源管理に関する取り組みをはじめたばかりであるか，制度的な整備まで

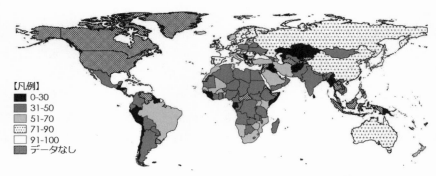

図 3.2　指標 6.5.1 による統合水資源管理実施状況のベースライン（文献[11] を一部改変）

表 3.2 統合水資源管理実施の度合いを示す評価項目[10]

カテゴリー	評価項目
政策環境 （7 項目）	・国家レベルでの政策の策定，活用状況 ・国家レベルでの法律の策定，執行状況 ・国家レベルでの計画の策定，活用状況 ・地方自治体等の国家以外の主体における政策の策定，活用状況 ・流域／帯水層管理計画の策定，活用状況 ・国際河川／越境地下水の管理に関する合意形成，執行状況 ・地方自治体等の国家以外の主体における規則の策定，執行状況
組織・参加 （11 項目）	・中央政府の組織の状況 ・異なるセクターを代表する政府機関間の調整の状況 ・組織，学術機関，市民団体，個人等の参加の状況 ・民間セクターの参加の状況 ・能力強化（キャパシティ・ディベロップメント）の実施状況 ・流域／帯水層レベルの組織の状況 ・地方レベルでの組織，学術機関，市民団体，個人等の参加の状況 ・脆弱層（先住民，少数民族，難民，貧困層等）の参加の状況 ・法律や計画におけるジェンダー配慮の状況 ・組織的な枠組みの構築，機能の状況 ・地方自治体等の国家以外の主体の活動状況
管理手段 （9 項目）	・国家レベルでの水資源のモニタリングの実施状況 ・国家レベルでの水需要管理，水利用モニタリング，水配分等の管理の実施状況 ・国家レベルでの水質汚濁管理の実施状況 ・国家レベルでの水域生態系管理の実施状況 ・国家レベルでの水関連災害への対策の実施状況 ・流域管理の手段の実施状況 ・帯水層管理の手段の実施状況 ・国内でのデータ，情報の共有状況 ・国家間でのデータ，情報の共有状況
資金調達 （6 項目）	・インフラに対する国家予算の配賦，執行状況 ・ソフト面に対する国家予算の配賦，執行状況 ・インフラに対する地方自治体等の国家以外の主体や流域単位での予算の配賦，執行状況 ・ソフト面に対する収入（料金，税金，課徴金等）の状況 ・国際河川／越境地下水の管理に対する資金調達の状況 ・ソフト面に対する地方自治体等の国家以外の主体や流域単位での予算の配賦，執行状況

は進んでいる国と評価されており，SDGs 達成に向けた取組を相当程度加速する必要があるとされている．

　指標 6.5.1 は，これまで定量的な評価がなされてこなかった統合水資源管理の実施状況をスコアとして表現する意欲的な取組であり，質問票に回答する作業を通じて，各国政府が自国の政策，制度，実施状況等を点検することにもつながる．一方，スコアは自己申告であり，スコアを付ける各国政府の関係者の主観に左右される面は否めない．また，外形的な計画や制度の有無は判定できるが，実際に地域において発生している水をめぐるコンフリクトに対して有効に対処できているかどうかを読み取ることは難しい．

　政府や地方自治体の政策や実行能力を整備することに加えて，現実に発生している水資源に関する具体的な問題の解決に取り組み，関係者の実践的な能力強化を進めることが必要である．

3.3　水資源管理に関する日本の国際協力の成果と課題

　日本の国際協力は，1954 年のコロンボ・プランへの参加からはじまった．コロンボ・プランとは，アジア・太平洋地域の国々の社会・経済の発展を支援する協力機構のことであり，日本はその後技術協力，円借款，無償資金協力等の形態を中心に，アジア・太平洋地域にとどまらず，世界 150 カ国以上を対象に国際協力を実施している．

　水資源管理に関しても早い段階から協力が行われており，灌漑，治水，上下水道，水力発電等の個別セクターに関する協力以外に，多様な水資源の利用目的や，利水，治水，水環境を包括的に対象とした協力が，主に「開発調査」とよばれる長期基本計画（マスタープラン，M/P）策定や事業の実行可能性調査（フィージビリティスタディ，F/S）を行う協力形態を用いて実施されてきた．開発調査は，流域単位あるいは全国を対象とした水資源開発・管理計画の策定に多用され，その成果を用いた円借款による施設建設事業（ダム建設，河川改修，灌漑施設整備等）も多数行われた．開発調査は，現在も「開発計画調査型技術協力」と名前を変えて継続している．

　国際協力の黎明期から 50 年以上にわたって継続的な協力が行われ，相手国政府からも高く評価されている事例として，インドネシアのジャワ島にあるブランタ

ス川流域を対象とした協力がある[12]. ブランタス川は 11,800km^2 の流域面積をもち, 河口部には首都ジャカルタに次ぐ人口を有するスラバヤ市がある. 日本の政府開発援助 (ODA) の実施機関である独立行政法人国際協力機構 (JICA) は, 1961 年以来, 概ね 10 年ごとに 4 回の流域開発の計画策定に協力した (表 3.3).

1960 年代と 70 年代に策定された第 1 次と第 2 次の M/P は, 治水と灌漑を目的とする多目的ダムの建設や河川改修を中心としたハード面の充実が主な計画内容であった. これに対し, 1980 年代の第 3 次 M/P になると, ハード面の充実を継承しつつも, 河川法の整備, 河川管理に係る調整を行う委員会の設置, 洪水予警報システム等の組織制度の整備といったソフト対策に対する提言も含まれるようになった. さらに, 1990 年代の第 4 次 M/P は, 調査の名称が第 3 次までの「総合開発」「流域開発」から「水資源総合管理」へと変わり, 内容も流域全体の管理を考えたソフト対策を主とする計画となった. その特徴的な提言は, 河川維持管理費用の受益者負担, 河川管理への住民参加, 流域の統一した管理を目指す水管理公社の設立等である. その後流域の水資源を一元的に管理するブランタス水資源公社 (後に第一水資源公社 (PJT1) に改称) が設立された.

日本の水資源分野の国際協力におけるもうひとつの特徴的な事例として, 全国を対象とした水資源 M/P の策定をこれまでに 9 カ国に対して実施していることが挙げられる. これらの協力については JICA がレビュー調査を実施しており[13], 全国水資源 M/P が実施された背景には, 水利用の競合や水供給能力の不足, 関連諸機関の活動や機能の重複, 水資源のモニタリングや配分を含む水管理の能力不足があり, 水資源開発・管理に係る政策・計画の統合を目指したという視点からは, 統合水資源管理の考え方の一部を具現化しており, 先駆けであったと評価している. しかし一方で, 施設整備中心の「水資源開発」をより重視し, 組織・制度・人材等を含む「水資源管理」については, 多様な提言がなされているものの概念的な内容にとどまっている調査が多かったことや, 行政を主要なターゲッ

表 3.3 インドネシア国ブランタス川に対するマスタープラン策定支援の実績

開発計画	調査名称	期間
第 1 次マスタープラン	ブランタス川総合開発計画調査	1961～1962
第 2 次マスタープラン	ブランタス川流域水資源開発調査	1972～1973
第 3 次マスタープラン	ウィダス川流域開発計画調査	1984～1985
第 4 次マスタープラン	ブランタス川流域水資源総合管理計画調査	1997～1998

トとしており，他のステークホルダーの巻き込みは弱かったこと，提言された内容が必ずしも十分に実現に至っていない例があること等の課題も指摘されている．

　これに対して近年は，単なる計画の策定ではなく，統合水資源管理の考え方に基づいて地域の具体的な水資源をめぐる課題の解決に向けて能力強化を図る協力が実施されるようになっている．2016 年に開始された「ボリビア国コチャバンバ県統合水資源管理能力強化プロジェクト」は，同国第 3 の人口をもつコチャバンバ大都市圏の中心地域にあるロチャ川流域を対象として，水不足，地下水位低下，水質汚濁等の問題に取り組む地域の能力を強化するため，利害関係者の協働体制の強化，法制度改善，モニタリング体制構築などの協力を実施している．

　同じく 2016 年に開始された「スーダン国統合水資源管理能力強化プロジェクト」は，連邦政府による統合水資源管理の実践（法制度や組織体制，水収支の評価，問題分析，計画策定等）と，特定の地域における統合水資源管理の実践の二つのコンポーネントにより，問題解決能力の向上に協力している．

　また，2018 年に開始された「インドネシア国ジャカルタ地盤沈下対策プロジェクト」は，地盤沈下対策を推進する委員会の設置，利害関係者の理解の促進，モニタリング体制の整備，アクションプランの策定等に総合的に取り組んでいる．

　このように，国際協力における取組も，水資源の「開発」を重視していた時代から，法制度，組織，住民参加等のソフト面を重視するように変化し，さらに近年では統合水資源管理の実践に対して正面から協力するようになっている．

3.4　現場の問題の解決に資する実践的な統合水資源管理とは

　統合水資源管理は SDGs においてターゲットとされているが，「目的」というよりは「方法論」であり，地域の具体的な水資源をめぐる課題を解決することを目的として，それに貢献するような「実践的な統合水資源管理」を目指す必要がある．

　そのためには，科学的データを蓄積し，科学的・技術的根拠に基づいて利害を調整し，合理的に水資源の持続的利用と保全を推進する責任主体の育成が必要である．このような地域の水資源管理に責任を負う主体は，水利権等の制度を通じて，取水の状況を把握し，取水の許可や違反者への罰則などの規制・監督ができる権限を有し，その執行が可能な能力をもつ必要がある．また，水資源の開発・

確保や保全に責任をもつ主体も必要である．（a）法制度整備による責任主体の権限の明確化，（b）水資源や水利用に関するデータの収集と社会科学的・技術的な分析や目標設定，水資源管理計画の策定，利害調整を踏まえた意思決定，法制度に基づく行政施策の執行等が実施可能となるような組織能力の強化，（c）行政施策の執行を担う人材の育成等を通じて，これらの責任主体を育成することが求められる．

また，事業を実施する主体が複数にまたがる場合が多く，利害関係者も多いことから，十分に機能する協議体（マルチステークホルダーパートナーシップ）を形成・運営し，民主的なプロセスを踏んだ社会的合意形成に基づいて，水資源をめぐる課題を解決していく体制を作る必要がある．協議体の目的や役割，法的位置づけ，運営主体，多様な利害関係者の参加方法やそれぞれの果たすべき役割，合意形成に導くためのプロセスのデザインなどを明確にし，実際の運営の支援を通じて，合意形成のためのプロセスをデザインし，マネジメントする能力を強化することが求められる．

このように，地域の水資源管理の問題を，地域の人々が自らの手で解決できるような能力を強化することが，「実践的統合水資源管理」であり，これによって地域の水資源をめぐる問題をひとつひとつ解決に導いていくことが重要であると考えられる．

■注と参考文献

1) Oki, T. and Kanae, S. (2006)：Global Hydrological Cycles and World Water Resources. *Science*, **313** (5790), 1068-1072.
2) 経済産業省（2009）：水ビジネスの国際展開に向けた課題と具体的方策，p.2.
3) United Nations (2015)：*The Millennium Development Goals Report 2015.*
4) The 2030 Water Resources Group (2009)：*Charting Our Water Future.*
5) World Resources Institute (2019)：*Aqueduct Global Maps 3.0.*
6) United Nations Department of Economic and Social Affairs (UNDESA) (2011)：*World Population Prospects : The 2011 Revision.*
7) 外務省（2015）：我々の世界を変革する：持続可能な開発のための 2030 アジェンダ仮訳．https://www.mofa.go.jp/mofaj/files/000101402.pdf（2021 年 1 月 3 日アクセス）
8) 国土交通省（2009）：平成 21 年版日本の水資源，p.5.
9) 総務省（2019）：持続可能な開発目標（SDGs）指標仮訳．https://www.soumu.go.jp/main_content/000562264.pdf（2021 年 1 月 3 日アクセス）
10) United Nations Environment Programme (UNEP) (2020)：*Country Survey Instrument for SDG Indicator 6.5.1.* http://iwrmdataportal.unepdhi.org/currentdatacollection（2021 年 1 月 3 日アクセス）

11) United Nations Environment Programme（UNEP）(2018)：*Progress on integrated water resources management. Global baseline for SDG 6 Indicator 6.5.1 : degree* of IWRM implementation.

12) 国際協力事業団国際協力総合研修所（2002）：水分野援助研究会報告書，pp.120-124.

13) 国際協力機構（2011）：プロジェクト研究統合水資源における援助アプローチの検討―全国水資源マスタープランのレビュー―報告書.

4. 公衆衛生関連の開発目標における衛生サービス

フラマン・ピエール

4.1 は じ め に

2000年9月，国連加盟国の189カ国は「国連ミレニアム宣言」を採択し，それを基に8つのミレニアム開発目標（MDGs）を定めた．発展途上国のニーズに焦点を当てたこれらの目標は，21項目の定量化できるターゲットと60項目の指標に分けられており，これを国連が年間ベースで管理することで，各国が毎年進捗を図ってきた．MDGsは，世界全体の開発アクションプランがあり，世界のリーダーたちをこの戦いに関与させながら，男女平等，教育，健康および環境の持続可能性を促しながら，所得の貧窮，飢餓，病気や子どもの死亡率といったあらゆる形の極度の貧困を2015年までに劇的に減少させるものである．MDGsは発足から15年後の2015年に，はるかに野心的なプログラムである「2030持続可能な開発アジェンダ」に引き継がれた．その中で，公衆衛生と衛生習慣を含む水に関する課題は17の持続可能な開発目標（ゴール）のうちの一つとして重視されている．

4.1.1 MDG衛生ターゲットのレビュー

MDGsは，ミレニアム宣言で提唱される貧困減少のための地球規模での開発アクションプランを提示した大規模な取り組みであり，世界のリーダーたちに，2015年までに達成すべき明確で定量化できるターゲットを提示し行動を起こすよう約束させた．この協調的な取り組み自体は，成功であった．さらにこのプログラムは，評価のための指標を特定し活用することで国連が進捗状況を管理するこ

とを可能とした.

　水と公衆衛生に関して，水は具体的な目標ではなかったが，目標7「環境の持続可能性を確保する」の一つのターゲットとして含まれていた．一方で，公衆衛生は，MDGs の初版では省略され，2年後のヨハネスブルグで開催された「2002年持続可能な開発に関する世界首脳会議」でターゲット 7.C「安全な飲料水と衛生設備を持続的に利用できない人口の割合を半減させる」と指標 7.9「改善された衛生施設（トイレ）を利用する人口割合」に追加されただけである.

　MDGs の衛生ターゲットに関して，トイレへのアクセスの進捗は UNICEF と WHO の共同監視プログラム（JMP）により，次の二つの基準で評価されてきた．「改善された」（トイレで人が排泄物と接触しないよう衛生的に分けられている．例：下水管に流す／水で流すシステム，腐敗槽，ピット式トイレ，換気式改善型ピット式（VIP）トイレ，床のあるピット式トイレとコンポストトイレなど．トイレが共同・公衆ではないというだけでも改善されたとみなす）．そして，「改善されてない」（トイレで人が排泄物と接触しないよう衛生的に分かれていない．例：床のない，あるいは囲いのないピット式トイレ，水上式〔池や川の上に設置され排泄物がそのまま落ちる〕トイレ，バケツ式トイレ，野原，森，茂み，水域，またはその他野外での排泄，あるいは排泄物を他のごみと一緒に捨てるなど）.

　これらの基準に基づくと，2015年には，1990年（水の供給，公衆衛生および衛生習慣のための JMP の設立年）以降，21億人が改善されたトイレにアクセスできるようになっていた．一方で，野外排泄をしている人口割合は，1990年以来ほぼ半数まで減少した．しかしながら，全体では，たった95カ国のみが自国の衛生ターゲットを達成できた[1].

　これは大きな改善を示しているものの，いまだに野外排泄をしている9億4600万人を含め，改善されていないトイレを利用している3人に1人（24億人）の約7億人は衛生のターゲットから漏れていた．対照的に，飲料水に関する世界的な目標は予定よりも5年早く達成された．地域レベルでは，サブサハラアフリカ，オセアニア，南アジアおよび東南アジアの四つの発展途上地域は，改善されたトイレを利用するためのターゲットを達成していなかった．さらに，オセアニアは改善されたトイレの利用増加が1990〜2015年の間に見られなかった唯一の地域である．一方でサブサハラアフリカは同時期にわずか6%ポイント増加と，衛生目標のターゲットである30%ポイント超を実現できず，人口のわずか3分の1のみ

が改善されたトイレにアクセスできるようになったという結果であった.

　この結果同様，後発開発途上国は，MDGs の衛生ターゲットには遠く 23%ポイントも及ばなかった．現地レベルでは，発展途上国で一般的なオンサイト処理のトイレ，および一般的な下水処理設備のし尿処理システムの欠如が人々の健康と環境を脅かす重要な問題となっている．これは水と違って公衆衛生が多くの国，特に改善の必要度が高い国において，優先事項ではないということを裏付けている．

　このような理由とさらに世界が衛生に関する MDG ターゲット達成の方向に向かっていないことから，国連は 2008 年を国際衛生年に指定した．この主な目的は，解決が見えない衛生へのアクセス問題についてグローバルコミュニティに警告を発すること，そして MDGs の衛生目標達成の取り組み向上のために国レベルの公衆衛生担当者たちの関心を集めることであった.

　より具体的に注目すべき点は，「改善された」または「基本的な」および「改善されてない」トイレという基準は，アクセスするトイレのタイプの評価を可能にするだけで，トイレがいかに適切に施工されたのか，どのような運用状況なのか，そして健康リスクの増減を左右しうるかなり重要な要素である，排泄物がどのように適切に管理・処理されているのかの評価ではないことである．特に，都市部と農村部に同じ評価基準が適用され，そして，適切で安全な利用条件の詳細が欠如していたため，「改善された」または「改善されてない」トイレに選んだ各種衛生技術の方法にも疑問がある．例えば，ピット式トイレは，土地が広く人口密度が少ない農村部ではうまく機能するが，人口密度が高く，設置場所や排泄物を運ぶアクセスが限られているような都市部の状況では，不適切な解決法かもしれない[2]．同様に，共同トイレは「改善されてない」解決法としてみなされていた．しかし一度も清掃されない腐敗槽につながっている家庭のトイレよりもコミュニティで管理するトイレはより安全で適切である．衛生の SDG6 の枠組みは，MDG7.C のそれに比べて大幅に進化したが，「改善された」または「改善されてない」トイレに選ばれた技術は，ほとんど同じである.

　最後に，トイレへのアクセスは，家庭の設備に基づいてモニタリングしていたが，このモニタリング方法では，排泄物がコミュニティ内（例えば近所や村において）でどのように管理されているかの評価はしていない．事実，コミュニティ内の多数の世帯に良いトイレがあったとしても，少数の世帯の排泄物が安全に管

理されていなければ，排泄物汚染のリスクは残ったままである[2]．

4.1.2 ミレニアム開発目標（MDGs）から持続可能な開発目標（SDGs）まで

持続可能な開発目標（SDGs）の策定は，2012 年，リオデジャネイロでの「国連持続可能な開発会議」での幅広い協議プロセス（国内，国家間，政府および市民社会レベルで），そして「ポスト 2015 年開発目標アジェンダに関するハイレベル・パネル」と 2013 年の持続可能な開発ソリューションネットワークの「持続可能な開発のための行動アジェンダ：ネットワーク問題報告」など数々の貢献の結果である．これにより，2015 年 9 月に開催された「国連持続可能な開発サミット」で，国連加盟国による新しい「持続可能な開発アジェンダ」の採択につながった．つまり MDGs が国連内のトップダウンのプロセスで決定されたのに対し，SDGs が大規模な協議プロセスを経て作成されたという点で，MDGs と異なるのは明らかである[3]．

新しい「持続可能な開発アジェンダ」は，17 の目標（ゴール）と 169 のターゲットからなっており，2030 年までに極度の貧困をなくし，不平等と不公平と戦い，そして気候変動に取り組むことを目指している．SDGs は，MDGs よりもさらに意欲的な目標でより複合的な枠組みを示している．発展途上国向けだけでなく先進国向けに作成した目標である．MDGs と同様，モニタリング指標のリストが SDGs でも設けられた．何度も改定・修正されたこのリストには，現在，世界，国および地域レベルでの進捗を評価するツール，およびあらゆる利害関係者の参照範囲（地元当局，サービス業者，省庁，政策立案者，開発提携先，市民社会など）を示す 231 項目の指標がある[3]．

持続可能な開発のための 2030 アジェンダと MDGs の主な違いは，持続可能性への注目度である．SDGs は経済成長，社会的包摂と環境保護といったあらゆる形態の持続可能な開発に取り組む一方，MDGs は主に社会問題に焦点を当てている[4]．「持続可能な開発アジェンダ」は，MDGs とあらゆる持続可能な開発プロセスの産物である．これは，水と衛生が SDG7 の中の一つのターゲットでまとめられていた MDGs とも異なる．なぜなら，水と衛生に対する人権に伴って，SDG の 17 の目標の一つ（SDG6）として焦点が置かれ，健康と衛生サービスを含む水問題はより重要視されたのだ．さらに，定義された様々な目標とターゲットは，そのほとんどはつながりがあるので，一緒に取り組む必要がある．したがって，水

は SDG のターゲット 1.4, 3.3, 3.8, 3.9, 4.a, 11.1, 13.1, 14.1, 15 と密接に関連している.

4.2 SDG6 および衛生サービス

4.2.1 衛生サービスのための SDG の枠組み

6 番目の目標, SDG6 には, 8 つのターゲットと 11 項目の指標が含まれている. このゴールの中で公衆衛生に関するターゲットは基本的に 6.2 と 6.3, そして衛生管理向上のための国際協力, 能力開発支援および地元コミュニティの関与についての 6.a と 6.b である. 他の目標において, 公衆衛生に最も直接的に関連する SDGs のターゲットは 1.4 (基本的な公衆衛生施設を含む基本的なサービスにアクセスできる世帯), 3.8 (基本的な公衆衛生を含む必要不可欠な水・衛生・トイレ (WASH) サービスを提供する医療施設), 4.a (基本的な公衆衛生施設を含む必要不可欠なサービスを提供する学校) である[5]. しかし, SDG の 169 項目のターゲットのうち 130 項目は公衆衛生との間に関連性があることも明確になった[6].

衛生サービスをモニタリングするためのターゲットの範囲は, 単にトイレや屋外トイレの設置に限定していた MDGs と比較して, 大幅に拡大している. 一連の SDG6 の衛生ターゲットは, トイレへのアクセスだけでなく, 下水回収, 排水, 処理, 廃棄ひいては再利用についても考慮しながら, 一連の公衆衛生を全体的に網羅している.

さらに注意深くターゲットに目を向けると, 次のようなことがわかる. SDG ターゲット 6.2 は, トイレへのアクセスについての MDG ターゲット 7.C の延長であり, さらにこれはすべての人がトイレへのアクセスを実現できることも目指している. 対して MDG の衛生ターゲットは基本的なトイレへのアクセスがない人口の割合を半数にすることを目指したものであった. SDG ターゲット 6.2 が着目しているのは, トイレへの公平なアクセス, つまり人口グループによって差の出るサービスレベルの不公平を撤廃することである[3]. さらにこのターゲットが示しているのは, トイレは適切なものであり, 指標 6.2.1 で指摘されているように, 安全に管理された施設を含む衛生サービスを利用する必要性を重視しなければならないことである. 非常に重要な点, 「安全に管理された衛生サービスの利用」が追加・定義された. SDGs の JMP モニタリングの枠組み[7] によると, 安全に管理

された衛生サービス利用の基準を満たすには主に三つの方法がある.

　①他の世帯と共有しない改善されたトイレを使用する

　②排泄物はその場で処理・廃棄し, 一時的に貯め, そして別の場所に運んで処理をする

　③汚水と一緒に下水道に流して別の場所で処理する

　上記に加えて, 指標 6.2.1 にもう一つの基準, その敷地内に常に石鹸と水がある手洗い設備があること, が追加された. 水と衛生サービスへのアクセスは「家庭, 教育機関, 職場や医療施設の内部あるいはすぐ近くでアクセスできるものでなくてはならない」[8] と規定している. 公衆衛生に関する人権に基づき, 安全に管理された衛生サービスの実現という基準で, 共同トイレが除外されている. 推奨されている排泄物処理には, 安全に管理すべき衛生サービスチェーンに関連する項目がいくつかある. 回収, 運搬および汚物 (排泄物と洗浄剤, 衛生製品など他の物質を含んだ) 等, 排泄物の安全な処理・廃棄である. 排泄物処理基準は, 安全に処理される下水の割合に着目した指標 6.3.1 に直結している.

　SDG ターゲット 6.3 は, MDGs の衛生ターゲットから大幅に拡張し, 安全に処理された廃水の割合を測定するモニタリング指標を導入し, 下水処理・管理を重視するものとなっている. さらに, SDG6 は改善されたトイレ (基本的には, 排泄物が人間と接触しないよう衛生的に分離されたトイレ) へのアクセスに焦点を当てただけでなく, 排水の封じ込めから回収, 処理およびリサイクル／安全な再利用そして衛生習慣 (手洗い) までといった全体的な一連の衛生管理を網羅し, さらに水域の環境水質に焦点を当て環境保全の視点も導入している. これは, 達成すべき衛生ターゲットが, 著しい広がりを見せたことを示している. MDGs では, 公衆衛生の観点からのものだったが, SDGs では環境の衛生という概念に移行しているということだ. 家庭雑排水 (台所, 風呂, 洗濯などからの排水) は水洗トイレの排水 (トイレからの排水) よりも水環境への汚染負荷 (BOD) が高いので, 雑排水の負荷の評価を盛り込む, あるいは少なくとも排水のプロセスの監視を考慮することが必要である. 通常, 雑排水の汚染負荷の監視や測定はしていないので, 問題が生じる.

　SDG6 は, 水供給 (ターゲット 6.1), 衛生施設 (明記されていなくてもオンサイトのトイレのし尿処理を含む), 衛生習慣 (ターゲット 6.2), および安全に管理された衛生サービス (ターゲット 6.2) を伴う下水処理, リサイクル・再利用

（ターゲット 6.3）をリンクさせた統合的なアプローチを目指している．さらに効率的で持続可能な取水（ターゲット 6.4）および統合的水資源管理アプローチ（ターゲット 6.5）の一部として水に関連した生態系の保護（ターゲット 6.6）といった他の関連する要素を含んでいる[3]．

4.2.2　SDG6 の実施および監視の取り組みを担う機関

　公衆衛生に関連する SDG6 のターゲットと指標の複雑な枠組みには，衛生チェーンの各側面についてさらに総合的なデータが必要になる．データ収集は SDG6 の衛生ターゲットの進捗のモニタリングのためだけでなく，政策立案者へ情報提供してインフラ投資を効果的なものにするため，さらには問題への認識を高めるにも必要である．UN-Water を含め数々の組織が SDG6 の推進に関わっている．

　国連のシステムには水問題専門の単一の機関があるのではなく，水と衛生に関するプログラムを実行する機関が 30 以上ある．2003 年に設立された UN-Water は，このような国連の機関，水に関する課題に取り組んでいる外部提携先と国際機関の取り組みを調整する．水と衛生について世界的な監視をするため UN-Water は複数のイニシアチブと仕組みを整備した．

　SDG6 の衛生関連のターゲット達成に向けた進捗を監視するため，二つのモニタリングの枠組みが義務付けられた．

　1)　1990 年に設立された UNICEF と WHO の「水供給・公衆衛生・衛生習慣の共同モニタリングプログラム（JMP）」は，飲料水，公衆衛生および衛生習慣に関する進捗を国際的に比較した推計を作成し，そして水，公衆衛生および衛生習慣や WASH（SDG ターゲット 6.1 と 6.2）に関する SDG ターゲットのモニタリングをする．SDGs の確立以来，JMP は家庭，学校および医療機関での WASH についてのグローバルベースライン報告書を発行し，2 年ごとに進捗報告をしてアップデートしている[6]．

　2)　グローバル分析と衛生と飲料水の評価（GLAAS）は WHO が実施する UN-Water イニシアチブである．特に SDG ターゲット 6.a と 6.b に焦点を当て，ガバナンス，モニタリング，財政および人事など WASH システムの構成要素を監視している．GLAAS の目的は，あらゆるレベルの政策決定者に，信頼性が高く，簡単にアクセスでき，包括的でグローバルな分析を提供し，公衆衛生，飲料水，衛生管理のための情報に基づいた意思決定を可能にする環境を提供すること

である[9]．GLAAS は設立以来，水・公衆衛生・衛生管理（WASH）のシステムや
サービスに関する資金調達などのテーマ別の定期報告書を発行している．

　さらに，多くの国連および国連パートナーは，SDG ターゲットの 6.3 から 6.6
までの指標のモニタリングを担当する主導機関である．

　　6.3.1：WHO および国連居住計画（UN-Habitat）

　　6.3.2：国連環境計画（UNEP）

　　6.4.1 および 6.4.2：国連食糧農業機関（FAO）

　　6.5.1：UNEP

　　6.5.2：国連欧州経済委員会（UNECE）および国連教育科学文化機関
　　　　　　（UNESCO）

　　6.6.1：UNEP

　近年，国連システム内外で複数のイニシアチブが水のサイクルに関する様々な
構成要素についての情報を収集している．2030 アジェンダのニーズを満たすため，
UN-Water は，「SDG6 のための統合監視イニシアチブ（IMI-SDG6）」を設立し
た．これは SDG6 のグローバル指標すべての監視機関を一堂に集め[10]，WHO/
UNICEF の JMP，水に関するグローバル環境監視システム（GEMS/Water），
FAO の水と農業に関するグローバル情報システム（AQUASTAT），および UN-
Water の GLAAS の作業を盛り込んだものである[11]．IMI-SDG6 は「持続可能な
開発のための 2030 アジェンダ」の枠組み内の水および衛生関連の問題を監視する
ために，SDG6 データの収集，分析，報告することで各国を支援する国連のイニ
シアチブである．実際，定期的で信頼性の高いデータ収集は，モニタリングシス
テムがない場合や効率性が欠如していることもあり，多くの国で依然として高い
ハードルとなっている．このため，決定権者が公衆衛生の問題を十分に理解する
ことができず，十分な情報に基づいた意思決定や適切な政策を行うことができて
いない．

　SDG6 の目的を達成するため，この IMI-SDG6 イニシアチブは，進捗度に焦点
を当てた 4 つの段階で 15 年にわたり発展している．IMI-SDG6 の第 1 段階は，世
界規模での実施，データ収集およびベースライン報告書の発行をする前に，選定
された国々でのパイロット試験と評価を伴う監視方法の開発に焦点を当てたもの
であった．現在実施中（2019-2022）の第 2 段階は，国のキャパシティと当事者意
識を構築することに焦点を当てている．手法の改善と世界全体の報告は重要であ

るが，国々がデータを収集，報告および活用する能力を向上させることに重点が置かれている．SDG6 の監視の枠組みは開始以来，新しい指標の定義と既存の指標の改良で進化したことがわかるが，この枠組みがさらに複雑になるにつれて，データ収集に大きな格差があり，新しいデータソースの検索を必要としている．UN-Water によると，第 3 段階は，既存の国および地域の努力で主流にするなどあらゆるレベルの監視の協調と統合に焦点を当てている．この段階は，分析作業をさらに深く調査し，このプロセスを国レベルの政策と投資決定に結び付けることで，国の持続可能性をさらに構築するものでもある．最後に，第 4 段階は国，地域および世界レベルでの監視プロセスの持続可能性の強化とその有効性の向上に焦点を当てている．

4.2.3 SDG6 衛生ターゲットのための世界的な監視の枠組み

さらに複雑になった SDG 公衆衛生目標と指標の枠組みに従って，その進捗をより正確に監視するために，SDG 衛生サービス目標に向けた衛生サービス段階指標が新たに作成された．これは様々なサービスの段階を定めて，ターゲット 6.2 の実施を進めるため，改善すべき分野を特定する手助けをするものである．表 4.1 は SDG の衛生サービス段階指標と MDGs で使用した段階指標を比較したもので

表 4.1 家庭の衛生施設（トイレ）を世界的に監視するためのサービス段階指標の MDGs と SDGs の比較[7]

MDGs (2000–2015)	SDGs (2015–2030)	
改善されたトイレ	安全に管理された	他の世帯と共有していない改善されたトイレを使用し，排泄物は安全にその場で廃棄または別の場所に運び処理する．
	基本的	他の世帯と共有していない改善されたトイレを使用している．
改善されていないトイレ	限定的	他の世帯と共有する改善されたトイレを使用している．
	改善されていない	足場がないピット式トイレ，水上式トイレ（池や川の上に設置され排泄物がそのまま落ちる方式）あるいはバケツ式トイレを使用している．
	野外排泄	野原，森，茂み，水域，海辺や他の野外で排泄，あるいはゴミと一緒に排泄物を廃棄する．

＊改善されたトイレとは排泄物が人間に接触しないように衛生的に分けられるよう設計されたものであり，下水道システム，腐敗槽あるいはピット式トイレに流す／水で流すもの，換気式改善型ピット式（VIP）トイレ，コンポストトイレ，あるいは足場があるピット式トイレのことである．

ある．この新しい段階指標は，MDGs と SDGs（ある種の公衆衛生施設へのアクセスのありなしだけというよりも全体的な衛生チェーンに注目）との間のアプローチの違いを明らかにしている．MDGs で活用された衛生段階指標はわずか二つの分類，衛生施設（トイレ）が改善されているか改善されていないか，になっていることがわかる．しかし JMP 報告書で使用されたアクセスデータを示す数字は，次の四つの分類に分けられている．

①改善されたトイレを使用する人口割合

②共同トイレを使用する人口割合（これは改善されていないトイレに分類されるのであるが）

③改善されていないトイレを使用する人口割合

④野外排泄をする人口割合

SDG6 の衛生サービス段階指標では，もし改善されたトイレの排泄物が安全に管理されていない場合，そのような施設を利用する人は基本的な公衆衛生サービスを受けているとして分類される（ターゲット 1.4）．他の世帯と共有で改善されたトイレを利用する人は，限定的サービスとして分類される．JMP はさらに野外排泄をする人口のモニタリングを続けており，これは SDG ターゲット 6.2 で明確に重視している項目である[12]．「衛生と下水を安全に管理している」割合を評価するため，特に，SDG 指標 6.2.1 と 6.3.1 に有用な排泄物管理に関する情報を提示する新たな監視ツール，排泄物フロー図が作成された．図 4.1 にこのコンセプトを示す．異なるタイプのトイレから出た排泄物を衛生チェーンのさまざまなステージ，格納，空にする，運搬，処理，そして再利用または最終廃棄，で追跡する．下水道網に流された排泄物，そして腐敗槽やピット式トイレなどオンサイトの施設に保管された排泄物はこれらのステージで個別に追跡する．

　水と衛生関連の MDG ターゲット 7.C の指標は，公衆衛生と長きにわたりつながりを確立してきていたが，衛生習慣の基準を盛り込んでいなかった．SDG ターゲット 6.2 の文言では衛生習慣に明確に言及しており，衛生習慣と公衆衛生との密接なつながりが重要であるという認識を高めたことを表している．衛生習慣とは多面的なもので，様々な行動を含んでいる．例えば，手洗い，月経に関する衛生そして食品衛生である．健康のために重要とされる多くの衛生行動の中で，WASH セクターの専門家による国際ポスト 2015 アジェンダ協議では，石鹸と水での手洗いが最優先課題に指定された[14]．また監視員の観察の結果，人々に自身

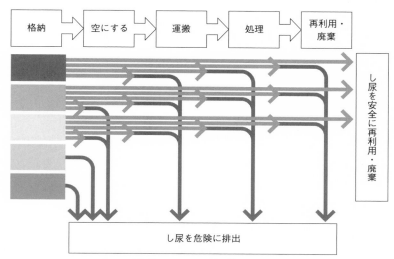

図 4.1　排泄物フロー図（文献[13] をもとに作図）

の習慣について尋ねるよりも，手洗い習慣を評価する方がより信頼できる指標となることが判明したので，これは衛生習慣を最も徹底的に測定できる代用物であり，国内および世界的モニタリングに相応しい指標でもある．そのため，これはSDG6 衛生指標の中に指標 6.2.1.b「石鹸と水を備えた手洗い設備を使用する人口の割合」として含まれることとなった．SDGs の新しい試みで，JMP は衛生段階指標で三つのサービスレベルを設けた[14]．

　ここ最近まで，開発プログラムは世帯レベルでの飲料水，衛生施設と衛生習慣へのアクセスを重視してきた．家庭にサービスへのアクセスを提供することがいまだ国際コミュニティの一番の懸念事項である一方で，各種機関への推奨事項もSDG 監視プロセスの中にかなり盛り込まれてきた．その機関とは，学校，医療機関や職場であり，そこで飲料水，衛生施設と衛生習慣へのアクセスが欠如していると，人々の健康，福祉や生産性にも影響を与える場所である[4]．したがって，衛生サービス段階指標は，学校や医療機関向けにも作成され，こういった機関でのWASH サービスの進捗にさらに注目した[15, 16]．

4.3 概念から現実まで

4.3.1 SDG6 衛生ターゲット達成に向けた進捗レビュー

　SDG6 実践は，現在の公衆衛生の問題を MDGs のものよりもさらに広範囲に渡って網羅する枠組みを用いることで，公衆衛生の進展が可能になる．JMP 報告書[17] によると，2000～2017 年まで安全に管理された衛生サービスを利用する人口は 17 億人（世界人口の 28％）から 34 億人（45％）と倍増したが，同時期に世界人口は 14 億人増加した．SDGs の期限である 2030 年まで 10 年足らずとなり，公衆衛生はこれまで以上に一刻を争う問題となっている．進展しているにもかかわらず，淡水汚染は世界中の多くの地域で蔓延し増加している．

　UNICEF と WHO の報告[6] では，世界人口の半数超（42 億人）は，排泄物処理がされないままの衛生サービスを利用し，さらに 20 億人がいまだ基本レベルの衛生サービスを利用できず，人間の健康と環境衛生が脅かされている．推定 6 億7300 万人はトイレがなく野外で排泄をしており，学校に基本的な衛生サービスがないなかで学ぶ児童がおよそ 6 億 9800 万人いる．野外排泄は世界的に見ても減少しているが，野外排泄をしている国々の半数超は，進展が遅い，もしくは野外排泄が人口増加と共に増加している．したがって，野外排泄は不平等が続いている事を表すものであり，野外排泄をする 10 人に 9 人は農村部に居住し，貧困層はかなりの割合で野外排泄をしていることがわかる．もう一つの課題は，基本的な公衆衛生を進めながら不平等をなくすことである．富裕層と貧困層の普及格差を削減した国々もあった一方で，全体的な進展はあったが格差は広がったという国々がある．

　総じて，その進展は世界的な人口増加に比べるとあまりにも遅いスピードである．今の進み具合では，現実的に公衆衛生がすべての人に行き渡るのは 22 世紀になるであろう．SDG6 衛生ターゲット 6.2 を達成するには，公衆衛生が向上するスピードは 4 倍でなければならないと推測される[6]．しかし，いくつかの国々とそれらの国々のコミュニティは，低いベースラインからスタートしているという事実をこの世界平均は覆い隠している．世界中が安全な公衆衛生へアクセスできるようになるには，巨額の資金が必要であるが，行動を起こさないとさらにコストが高くなる．なぜなら WHO は公衆衛生の経済利益は，そのコストのおよそ 5

倍であると推定しているからだ.

4.3.2 SDG6 衛生ターゲット達成への進展を阻む課題

a. データと監視システムの欠如

政策策定者や意思決定者に情報提供するには,そして的を絞った投資を可能にするためにも,信頼でき,一貫性のある,そして可能な限り細分類されたデータが必要不可欠であるが,公衆衛生の SDG ターゲットの進捗を監視するために利用できるデータは,多くの国で限定的である. SDGs に関する目標と指標は,MDG7 でこの問題に焦点を当てた唯一の目標と指標に比べるとはるかに包括的なものであるが,多くの国で入手困難なデータの収集も必要となる. たとえば,ほとんどの国に野外排泄と基本的な衛生サービスへのアクセスの割合の比較データがあるが,安全に管理された衛生サービスの普及の推定をしている国は半数に満たず,安全に管理されたサービスにおける不平等を特定しそれに取り組むために必要な細分類データがある国はわずかしかない[6]. さらに,利用できる時系列データの不足から,進展度を把握することが困難である. しかしながら,データが欠如していても,多くの国で安全に管理された公衆衛生を利用している人口割合が低いことは明白である.

下水道や環境に直接排水される産業廃水の処理(SDG 指標 6.3.1)の推定に利用できるデータも不十分である. 産業廃水のデータは国レベルでの監視が乏しくほとんど集計されていない. さらに家庭排水のオンサイトの処理に関連したデータの差が大きいため,指標 6.3.1 の総合的な報告も妨げられている. オンサイトのシステムは広く普及し,利用が増えている地域もあり,後発発展途上国の進展を後押ししているのは明らかである. UNCEF と WHO によると,2017 年世界人口の 41% は,腐敗槽につながるトイレに流すまたは水で流すものや乾式または湿式のピット式トイレ(他の世帯と共有の施設も含む)などオンサイトで貯める改善されたトイレを使用していると報告されている[6]. 同年,世界におけるオンサイト処理の利用状況は,都市部(32%)よりも農村部(51%)の方が多い. しかし,その状況は地域によって大きく異なり,一般的なイメージとは異なり,都市部でもオンサイトシステムが頻繁に使用されている[18]. 世界でおよそ 10 億カ所あるオンサイトトイレは,下水道システムのカバー率よりも人口が多い都市圏にある. 特にアジアでは,下水インフラ建設が経済的に建設できない農村部や地方だ

けでなく，都市部でも下水道システムのないエリアでは腐敗槽がよく利用されている[19]. オンサイト施設は効果的でローコストであり，有効に設計，施工および利用し，機能的な衛生チェーンの一環とすれば，利用者に安全な公衆衛生を提供することができる．しかしピット式トイレや腐敗槽などオンサイトの保管・処理システムは，設計や施工の不備，運用やメンテナンスが不十分，故障や下水のあふれ，都市部での高い人口密度による保守の困難さ，そして規制システムの欠如など，数々の要因で欠陥があるものとなる可能性がある．オンサイトの衛生システムへアクセスできれば，野外排泄を大幅に減らすことができるが，適切な排泄物管理サービスがなければ，公衆衛生や環境へ大きな悪影響をもたらす結果になるであろう．

　安全に処理される家庭排水の割合を見積もるためには（SDG 指標 6.3.1），雑排水（台所，風呂，洗濯などからの排水）と水洗トイレの排水の両方について考慮し，環境に排出される雑排水が安全に処理されるケース，安全性の低い処理をされるケース，あるいは未処理であるケースの割合についての情報を収集する必要がある．日本で長年にわたり下水について広く監視した結果，家庭排水からのBOD 汚染負荷では，水洗トイレの排水由来はわずか3分の1であり，残りの3分の2は雑排水からであったことを示していたことからもわかるとおり，雑排水処理についての情報は非常に重要である．雑排水のデータ収集は，主にオンサイトシステムに関するものである．集中下水道システムが普及する世帯の雑排水は，多くのオンサイトシステムとは異なり，その下水網を通って回収・運搬されていると想定しているからである．

　しかし，オンサイトシステムは，特に低所得・中所得国での利用人口の割合が上に高いにもかかわらず，オンサイトシステム（腐敗槽）の処理性能とタイプについてのデータを収集している国はほとんどない．定期検査で政府がまとめた世帯調査と報告で取得できるデータは限られている．しかしSDG6 監視プロセスは，監視用の機関，システムおよび人材の欠如により多くの国で状況が悪化しているという事実を浮き彫りにした．データの不足が意味するのは，取得できた数字よりも実際の状況はかなり悪い可能性があるということである．

b．組織，統治および財務管理システムの欠如

　持続可能で効果的な衛生サービスの展開は，インフラの状態だけでなく，組織，統治および財務管理システムなど複合的に決まる．UNICEF と WHO によると，

ほとんどの国には公衆衛生に関する国内の政策や計画があるが，それらを実行に移すための適切な人材や財源を有する国はほとんどない[6]．

　排泄物処理システムが最も必要な世帯は，人口密度の高い都市部に多い．しかし，UNICEF と WHO は，都市部の公衆衛生政策や計画のうち 4 分の 1 は，排泄物処理に取り組んでいないことを示している[6]．また政府には，規制や基準の状況によって異なる課題がある．3 分の 2 超の国は，下水処理に関する正式な国の基準があるが，下水や排泄物の安全な取り扱いに関する国の基準がある国はかなり少ない．公衆衛生を担当する機関の大部分では，必要な調査と措置を実行するための十分な資金や人材が不足している．UNICEF と WHO の報告[6]では，都市部で是正措置を十分に実行する公衆衛生／下水規制機関がある国はわずか 32％，農村部についてはわずか 23％であった．さらに，3 分の 2 の国が都市部での下水調査に必要な人材が必要な 50％にも満たないと報告している．歴史的に見ても，公衆衛生において急速な発展を遂げている国々には，政治的な強いリーダーシップがあり，政府が政策，計画，投資の結集およびサービスの規制において重要な役割を担っている．

c.　資金不足

　公衆衛生は，常に優先度が低く，リーダーシップが欠如し，投資額が少なく，能力も乏しいという事態に直面している．多くの国では公衆衛生を支援する政策や計画があるが，運用と管理システム，人材や資金源を適切に配置して実行している国はわずかである．

　さらに，開発支援機関や国際組織は，公衆衛生よりも水を優先する傾向がある．2016 年世界銀行が発表し UNICEF と WHO に向けて更新した 140 カ国の低・中所得国の調査[6]では，2017〜2030 年，世界中の公衆衛生を達成するための年間コストは，1050 億米ドルと推定している．回答した国の 80％は，国内の公衆衛生目標を満たすための資金が不十分であると報告していた．サブセクターによる定量的な資金格差の報告が可能だった 12 カ国のデータで判明したのは，資金不足は都市部の公衆衛生で最も多く（国内目標達成に必要な投資全体の 74％），農村部でもかなり不足していた（59％）．半数未満の国が公衆衛生システムの運用と管理コストは既存の公共料金や使用料でカバーしており，この割合は年々増加していると報告した．そのため，政府や開発援助機関／国際機関からの公衆衛生に対する投資は，SDG6 で目標とする持続可能で弾力性がありかつ安全に管理したサービ

スを提供するにはとても十分ではない.

d. COVID-19 の影響

コレラ, 下痢, エボラ熱そして現在では新型コロナウイルス (COVID-19) の
ような命にかかわる感染症の発生を防ぎコントロールするためにも, 安全な公衆
衛生と衛生習慣は重要なカギとなる. ワクチンの普及が進まず, 治療法の開発も
見えないなかで, 石鹸での定期的な手洗いは, COVID-19 の感染拡大を予防し減
少させる最も重要な手段である. しかし COVID-19 の世界的流行は最弱者層に対
する不平等と差別を悪化させている. 頻繁で適切な手洗いは, COVID-19 の感染
拡大に対する最も基本的で最先端の防御である一方で, 世界人口の4分の1は,
安心安全な水にアクセスできていない.

さらに COVID-19 の世界的流行は多くの公衆衛生の課題を悪化させている.
人々は家で自主隔離をするが, その家には安全なトイレがなく, あるいはトイレ
がないため人々は劣悪な公衆トイレや野外排泄など危険な場に追いやられている.
エッセンシャルワーカーとして仕事を続けなければいけない公衆衛生職員は, 健
康被害の原因を一つ追加しなければならなくなった. この世界的流行は, 劣悪な
公衆衛生はすべての人をリスクにさらすという証拠を強固なものにした. さらに,
COVID-19 の世界的流行は, アクセスの格差の程度と影響の認識が高まり, 水道
事業の収入減により重要な設備投資ができなくなったことで SDG6 達成が遅れる
可能性がある[20].

COVID-19 の大流行は, 2021 年までに1億5千万人もの人々を極度の貧困に追
いやると世界銀行が警告したように, 状況は悪化すると推測される[21]. Mahler ら
によると, 水と衛生施設へのアクセスが最も乏しいという困難を抱える二つの準
地域, サブサハラアフリカと南アジアは最もひどい打撃を受けるであろうと予測
されている[22].

4.3 教訓と今後の展開

持続可能な開発のための 2030 アジェンダについてこの段階で明白なことは, 多
くの国が安全に管理されたサービスの基準をすぐに満たすことは不可能であり,
中間目標が必要だということだ. 現在の進捗が満足のいくものではないので, 国
連は, 2020 年「SDG6 グローバル促進の枠組み」を立ち上げた. SDG6 の達成に

向けて，国際社会による各国への支援の統一と進展を加速させるため社会のあらゆるセクターを巻き込む新しいイニシアチブである．「SDG6 グローバル促進の枠組み」は，SDG6 達成を支援する5つの重要分野，統治，財務，データと情報，能力開発，そしてイノベーションを特定した[23]．

SDG ターゲット 6.2 達成に貢献するもう一つのイニシアチブ「都市全体の包括的公衆衛生（CWIS）」への取り組みも始まっている．ビル＆メリンダ・ゲイツ財団，エモリー大学，プラン・インターナショナル，リーズ大学，ウォーター・エイドおよび世界銀行が着手した CWIS は，途上国の都市の実情に合わせて，オンサイトとオフサイトの両方の幅広い技術を普及させることで，安全に管理された公衆衛生へのグローバルアクセスを確実にすることを目指している．

この構想に沿って，日本の経験からも明らかなように，安全で迅速な公衆衛生システムの普及は，オンサイトとオフサイトの公衆衛生システムを組み合わせて提供することができる．その安全なサービスの提供と管理のためには，サニテーションチェーン全体でのサポートが必要である．これは，公衆衛生への普遍的なアクセス達成に向けた進捗を加速させることができる．

さらに，気候の変化や変動は，公衆衛生システムへの負担を増加させるので，公衆衛生の技術とサービスは，人間の健康と環境衛生へのリスクを最小限にする方法で考案，運用および管理するよう考慮しなければならない[6]．下水や排泄物が適切に処理されなかったり，あるいはまったく処理されなかったりするため，人間の排せつ物は世界的な温室効果ガスの排出源の一つとなっている一方で，排出を回収し，この廃棄物から水，栄養分そしてエネルギーを回収し資源に変えるという大きな可能性がある．

■ 注と参考文献

1) United Nations Children's Fund (UNICEF) and World Health Organization (WHO) (2015)：*Progress on Sanitation and Drinking Water - 2015 update and MDG assessment.*

2) Satterthwaite, D. (2016)：Missing the Millennium Development Goals Targets for Water and Sanitation in Urban Areas. *International Institute for Environment and Development (IIED)*, **28** (1)：99-118.

3) Programme Solidarité Eau (pS-Eau) (2018)：*The Sustainable Development Goals for Water and Sanitation Services* - Interpreting the Targets and Indicators.

4) Programme Solidarité Eau (pS-Eau) (2016)：*WASH Services in the Sustainable Development Goals.*

5) Inter-Agency and Expert Group on SDG Indicators (IAEG-SDGs) (2021)：Global

indicator framework for the Sustainable Development Goals and targets of the 2030 Agenda for Sustainable Development Agenda.
https://unstats.un.org/sdgs/indicators/Global%20Indicator%20Framework%20after%20 2021%20refinement_Eng.pdf

6) United Nations Children's Fund (UNICEF) and the World Health Organization (WHO) (2020)：*State of the World's Sanitation：An urgent call to transform sanitation for better health, environments, economies and societies.*

7) United Nations Children's Fund (UNICEF) and World Health Organization (WHO)：The new JMP ladder for sanitation.
https://washdata.org/monitoring/sanitation

8) UN Water：Human Rights to Water and Sanitation：Definitions.
https://www.unwater.org/water-facts/human-rights/

9) UN-Water：UN-Water Global Analysis and Assessment of Sanitation and Drinking-water (GLAAS). https://www.unwater.org/publication_categories/glaas/

10) Houngbo, G. F. (2017)：*The Role of UN-Water as an Inter-Agency Coordination Mechanism for Water and Sanitation.*
https://www.un.org/en/chronicle/article/role-un-water-inter-agency-coordination-mechanism-water-and-sanitation

11) UN-Water：Integrated Monitoring Initiative (IMI-SDG6).
https://www.sdg6monitoring.org/about/integrated-monitoring-initiative/

12) World Health Organization (WHO)：Water sanitation hygiene：Monitoring sanitation.
https://www.who.int/water_sanitation_health/monitoring/coverage/monitoring-sanitation/en/

13) United Nations Children's Fund (UNICEF) and World Health Organization (WHO) (2018)：JMP Methodology：2017 Update & SDG Baselines.

14) United Nations Children's Fund (UNICEF) and World Health Organization (WHO)：Hygiene.
https://washdata.org/monitoring/hygiene

15) United Nations Children's Fund (UNICEF) and World Health Organization (WHO)：WASH in Schools.
https://washdata.org/monitoring/schools

16) United Nations Children's Fund (UNICEF) and World Health Organization (WHO)：WASH in Health Care Facilities.
https://washdata.org/monitoring/health-care-facilities

17) United Nations Children's Fund (UNICEF) and World Health Organization (WHO) (2019)：*Progress on Household Drinking Water, Sanitation and Hygiene 2000-2017：Special Focus on Inequalities.*

18) Strande, L., Ronteltap, M. and Brdjanovic, D. (2014)：*Faecal Sludge Management. Systems Approach for Implementation and Operation.* IWA Publishing.

19) WEPA (2018)：*Outlook on Water Environmental Management in Asia 2018.* Water Environmental Partnership in Asia (WEPA), Ministry of the Environment of Japan, Institute for Global Environmental Strategies (IGES).

20) Butler, G., Pilotto, R. G., Hong, Y. and Mutambatsere, E. (2020)：*The Impact of COVID-19 on the Water and Sanitation Sector.* International Finance Corporation (IFC).

21) The World Bank (WB) (2020)：*COVID-19 to Add as Many as 150 Million Extreme Poor by 2021.*
https://www.worldbank.org/en/news/press-release/2020/10/07/covid-19-to-add-as-many-as-150-million-extreme-poor-by-2021

22) Mahler, D. G., Lakner, C., Castenada Anguilar, R. A. and Wu, H. (2020)：*The Impact of COVID-19 (Coronavirus) on Global Poverty：Why Sub-Saharan Africa Might Be the Region Hardest Hit.* World Bank Blogs.
https://blogs.worldbank.org/opendata/impact-covid-19-coronavirus-global-poverty-why-sub-saharan-africa-might-be-region-hardest

23) WHO：*Global costs and benefits of drinking - water supply and sanitation interventions to reach the MDG target and universal coverage.*
https://www.who.int/water_sanitation_health/publications/2012/globalcosts.pdf

5. 中国における節水型農業と SDGs
—内モンゴルにおける持続可能な農業生産の展開—

其其格

5.1 は じ め に

　水は人間の生存と発展にとって重要な資源である．人々の生命や健康を支え，農業や工業などに使われており，世界の人々にとって最も貴重な財産となっている．水資源は有限であるが，世界中で無限であるかのように利用され続けてきた結果，世界各地で様々な水問題が生じ，21世紀は水紛争の時代になるとすらいわれている．農業は世界の水利用の約70%を占め，農業による過度の水利用が水資源枯渇化の一因となっている例が世界各地で見受けられている．カザフスタンとウズベキスタンにまたがるアラル海の縮小やアフリカのチャド湖の水量減少，中国第2番目の大河である黄河の断流などの例は詳細を示すまでもない[1]．近年，目覚ましい経済発展を遂げている中国では，農村地域を中心とした過剰な水利用により，地下水の水位低下や河川断流，湖沼の消滅などの水不足問題が深刻化している．もともと耕地に対する一人当たりの水資源量が少ないという背景をもつ中国において，経済の持続的な発展を維持していくためには，これまで以上に農業用水の節水と管理の改善に取り組む必要があると考えられる．

　乾燥地域が多い中国では水資源は非常に重要である．中国の水資源量は6兆 m^3 で，世界全体の5%に相当するが世界人口の約21%を占める中国の総人口を養うには十分な量ではない[2]．中国における一人当たりの水資源量はわずか2300m^3 で，世界平均の4分の1にも満たない[3]．特に中国北部地域を中心に深刻な水資源の不足に悩まされている．すなわち，中国北部地域における耕地面積は全国の64.1%を占めるが，一方で一人当たりの水資源は約517m^3 で，中国全土における一人

当たり水資源量の19%にすぎない．これは世界における一人当たりの水資源の20分の1にすぎず[4]，水資源の貯蔵量と農業生産に対するギャップが中国における乾燥・半乾燥地域の農業発展を制約している[5]．

　内モンゴル自治区（以下，内モンゴル）は中国北部の乾燥・半乾燥地域に位置し，総土地面積は118.3万 km^2 で，中国全面積の12.3%を占める．一方，内モンゴルの長期平均水資源量[6] は547億 m^3 と，中国全体における総水資源量のわずか2%しかない．耕地面積当たりの平均水資源量は約5997m^3/haであり，中国平均のわずか3分の1である[7]．中国の重要な食糧生産地である内モンゴルは，中国の北部地域の生態系保全の重要な位置にあり，中国の食糧安全と生態系を確保するうえで重要な役割を果たしている．ここ数十年で，節水施設の継続的な改善及び中国における全国的な節水効率の向上，節水食糧生産の増加などの灌漑プロジェクトの実施に伴い，内モンゴルの農業灌漑面積は増加を続けている．特に2000年以降，乾燥気候と地表水の減少により，一部の地表水灌漑地域は徐々に地下水灌漑に変更され，地下水灌漑面積は急速に増加した．その結果，地下水消費量が大幅に増加し，一部の地域では，地下水位の低下や河川断流の増加などの水不足問題が発生し，水不足問題は農牧業の発展に影響を及ぼしている．そのため，水資源の不足を適切に解決することは緊急の課題である．本章では，中国内モンゴルを事例に，持続可能な節水型農業の発展に重点を置き，内モンゴルにおける水資源と節水型農業の現状について述べる．

5.2　水資源利用と農業生産の状況

5.2.1　水資源と開発利用状況

　内モンゴルの気候条件は，降水量が少なく蒸発量が多いことを特徴とする乾燥・半乾燥地域であり，中国北部の深刻な水不足地域の一つである．内モンゴルの長期平均降水量[6] は年282mmで，中国平均の43%にすぎず，地域差が大きく，東から西へ，南から北へ徐々に減少し，年間降水量は一般的に50〜450mmである．また，降水量の時間的分布は非常に不均一で，年間の降水は主に6-9月に集中し，全年降水量の60〜70%を占めている．

　中国全体の水資源と比較すると，内モンゴルの水資源状況はさらに厳しく，時間と空間の分布が不均一で，年間変動も大きい．水資源の地域偏差が大きく，人

口と経済のレイアウトと一致していない．水資源量は降水量と同様に，地域全体の水資源量は「東が多く西が少ない」という分布特徴を示している．人口の 18%，耕地の 28% を占める東部の松花江流域は，内モンゴルの総水資源量の 67% を占めており，中国平均をはるかに上回っている．そして，人口と耕地が比較的多い中西部の遼河流域と黄河流域では，一人当たりの水資源量は中国平均の約 2 分の 1 と 3 分の 1 であり，耕地面積当たりの水資源量はわずか 2234m^3/ha と 1944m^3/ha であり，中国平均の 10 分の 1 未満である[8]．また，内モンゴルにおける農業灌漑用水の比率は高く，水利用効率は非常に低く，節水灌漑技術の発展は比較的遅れている．2019 年の内モンゴルの水資源広報データによると，2019 年，内モンゴルにおける総用水量は 190.88 億 m^3 で，そのうち農業灌漑用水量は 63.9% を占め，農業灌漑水有効係数[9] は 0.547 で，これは先進国の 0.7〜0.8 よりはるかに少ない．同時に，急速な経済発展に伴い，水資源の浪費が深刻化し，水汚染が増加している一方，水資源の需要は増え続けている．近年，電動ポンプなどの近代的な灌漑設備が導入されることにより，地下水を簡単に汲み上げることができ，地下水灌漑農業面積が増加している．しかし，無計画かつ無制限に大量の地下水資源を利用することで，一部地域の地下水位が大幅に低下し，地下水循環システムに問題が発生した．したがって，水資源の開発と効率的な利用は，特に内モンゴルの乾燥・半乾燥地域において，農牧業の持続可能な発展に不可欠である．

　近年，内モンゴルでは気候変動などの様々な要因により，利用可能な水資源量が長期平均水資源量よりも大幅に減少している．図 5.1 に示したように，内モンゴルの各年における水資源量は長期平均水資源量に占める比率は大幅に変動している．水資源の開発利用指標においては 35〜61% の間で変動しており，全国の水資源開発利用率の 2 倍近くである．しかし，農業用水量の占める割合は全国よりもはるかに高く，灌漑用水および林業，畜産業，漁業の用水量を合わせると，総用水量の 70% 以上を占め，全国平均より約 10% 高い．

　内モンゴルにおいて，農業は最大の水利用セクターであるが，水の浪費と不足が並存しているため，非効率的な水利用を避けることができないのが現状である．これは，内モンゴルにおける歴史的な経緯と不十分な農業用水の管理システムに原因があると考えられる．既存の農業用水を効果的に節水できるかどうかという点が重要である．

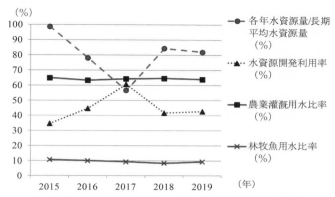

図 5.1 内モンゴルの水資源開発利用状況（内モンゴル 2015-2019 年水資源広報により筆者作成）
各年水資源量／長期平均水資源量：2015 年，2016 年，2017 年，2018 年，2019 年の総水資源量と
長期平均水資源量の比．水資源開発利用率：供給水量が総水資源量に占める割合．

5.2.2 干ばつと農業被害

干ばつは中国における代表的な自然災害の一つであり，年平均の干ばつ面積は
約 200 万 ha，干ばつによる食糧損失は約 2,600 万 t である[10]．内モンゴルにおけ
る乾燥・半乾燥地域の面積は内モンゴルの総土地面積の約 85％を占め，干ばつは
内モンゴルの農業生産における主な自然災害である．2019 年には，内モンゴルで
干ばつの被害を受けた作物面積は 134.4 万 ha を超え，そのうち，作物収穫減少面
積は 36.2 万 ha，無収穫面積は 73 ha であった．干ばつの被害を受けた牧畜地域
面積は 280 万 ha あり，18.8 万人と 210.8 万頭の家畜が干ばつ被害の影響を受け，
経済的な直接損失は 11.88 億元となった[11]．干ばつによる農業灌漑用水の不足は，
内モンゴルにおける農業の持続可能な発展を妨げる主な要因となっている．

5.2.3 農業作付面積と生産状況

内モンゴルにおける土地面積は広く，中国の東北，華北と西北の三つの地域に
またがっており，地域内には豊富な資源があり，草原，森林資源及び一人当たり
の耕地面積は，中国国内で第一位である．また，一人当たりの食糧作付面積と一
人当たりの食糧生産量はどちらも中国平均を上回っており，中国における 13 の主
要な食糧生産省区の一つである．内モンゴルの統計局資料[12] によれば，2020 年，
内モンゴルの食糧作付面積は 683.3 万 ha で，2015 年と比べ 3.9％増加し，全国総
食糧作付面積の約 5.85％を占めている．しかし，単位面積当たりの食糧生産量は

5362kg/ha で，中国平均の生産量より 372 kg/ha 少ない．総食糧生産量は 366.4 億 kg に達し，「17 年連続の豊作」を実現でき，17 年前の 2013 年の食糧生産量と比べると 19.3％増加し，全国総食糧生産量の約 5.5％を占め，中国の食糧安全を確保するうえで積極的な役割を果たしている．すなわち，内モンゴルは中国の 5.85％の食糧作付面積で，全国 5.5％の食糧を生産していることになる．内モンゴルの食糧作物種類は穀物，豆類，イモ類から成り立っており，穀物の生産には，小麦，トウモロコシ，コメの生産が多くを占めている．2020 年には，内モンゴルの三つの主要食糧作物の中で，穀物，豆類，イモ類の作付面積はそれぞれ 75.7％，20.2％，4.1％を占めている．穀物生産量のうち，小麦は約 5.2％，トウモロコシが 83.6％，コメが 3.8％，をそれぞれ占めている[12]．

5.3　節水型農業の発展状況

　1998 年以来，中国は大型灌漑区を中心に節水改造事業を開始した．これにより灌漑条件が改善され，灌漑地域の農業総合的生産能力と灌漑水利用効率が向上した一方で，灌漑地域の水循環も変化した．中国共産党第 15 期中央委員会の第 3 回全体会議[13] では「革新的な手段として節水灌漑を促進する」必要があると明確に述べられた．2011 年の中央 1 号文書と中央水利工作会議[14] では，節水灌漑に対する準備とさらなる促進を行った．節水灌漑を近代的農業発展のための重大な戦略および基本的な手段と見なされるべきであると強調し，全面的に農業用水の使用効率を包括的に改善するとした．2012 年には，中央政府（国務院）は農業用水のための最初の国家概要である「国家農業節水概要（2012-2020 年）」[15] を発表した．「概要」では，2020 年までに大型灌漑地区と主要中型規模灌漑地区の建設及び節水改造と大中型灌漑排水ポンプ場の更新改造が完了することを提案した．全国の耕地における有効灌漑面積は 6667 万 ha，新たに増加する灌漑面積は 2000 万 ha に達し，そのうち高効率節水灌漑面積は 1000 万 ha 以上とした．全国の農業用水量は基本的に安定しており，灌漑用水の有効利用係数は 0.55 を超える．全国の乾燥作物の節水農業技術の拡張は 3333 万 ha 以上に達し，高効率の水利用技術のカバー率は 50％以上になるとした．2020 年現在，「概要」に記載された発展目標は基本的に達成されている．

　近年，内モンゴルにおける節水型農業建設は着実に進んでおり，農業インフラ

施設も継続的に改善され，高効率の節水灌漑技術が大幅に推進された．21世紀に入ってから，内モンゴルでは，節水型農業の全面的な導入を推進し，自治区レベルでの節水行動の実施計画方案を策定している．

内モンゴルでは，1970年代にスプリンクラー灌漑技術の導入が試された．

「第10次五カ年計画」（2000-2005年）[16]期間に内モンゴルにおけるスプリンクラー灌漑技術は着実な成長を遂げた．2000年から，スプリンクラー灌漑とパイプ灌漑の節水灌漑技術の大規模な適用により，38カ所のスプリンクラー灌漑プロジェクトがその年に完了した．2001年，内モンゴル政府は「内モンゴルの農業節水灌漑に関する規制」を公布し，節水灌漑技術を内モンゴルの農業生産と持続可能な経済発展のための重要な手段として取り上げた．

「第11次五カ年規画」（2006-2010年）[16]期間中にさらなる改革を行い，地下水資源の開発と地下水位の監視を行った．2008年には，スプリンクラー灌漑面積は大幅に減少したが，2009年以降，年々増加し，2015年までに総灌漑面積の60％に達した．マイクロ灌漑面積は「第11次五カ年規画」期間の2008年以降，毎年0.6〜2.1万haの速度で増加した．

「第12次五カ年規画」（2011-2015年）[16]期間中，マイクロ灌漑技術は飛躍的に成長し，パイプ灌漑とスプリンクラー灌漑は適応調整段階を完了した．2011年，内モンゴルは「内モンゴルの新しい"四つの千万ムー"[17]節水灌漑事業」プロジェクトを実施した．2011年以降，内モンゴルの農業における高効率な節水灌漑技術の推進面積が増加した．2013年，内モンゴルは，高効率な節水灌漑技術の推進において大きな進歩を遂げ，パイプライン給水やフイルム点滴灌漑などの高効率節水灌漑技術を備えた高水準の農地が累計0.79万haに達した．2015年時点で，内モンゴルには農業の高効率な節水灌漑面積は約167.5万haとなり，そのうち，マイクロ灌漑面積は61.8万ha，スプリングラー灌漑面積は50.4万ha，パイプライン灌漑面積は55.3万haであった[18]．

「第13次五カ年規画」（2016-2020年）[16]期間において，内モンゴル政府は効率的な節水型社会の建設を呼びかけ，高効率の節水灌漑面積を新たに82万ha増やすという目標を推進するとともに，節水灌漑施設を普及させるために，技術や資金確保を含めた多面的な措置を取った．これを基に，2017年7月に内モンゴル政府は，「新たに"四つの千万ムー"の高効率の節水灌漑面積を増やす実施方案に関する通知（2016-2020年）」[19]の全体的な実施方針を定めた．2018年末現在，内モ

ンゴルには合計 607 カ所の貯水池が建設されており，総貯蔵容量は 109 億 8,000 万 m³ であり，河川堤防の全長は 7,811km に達した．667ha 以上の灌漑地区が 210 カ所建設されており，その中，河套灌漑地区は，中国国内の三つの主要灌漑区の一つであり，中国における重要な商品穀物と油料の生産地域である．同地区の節水灌漑面積は 292.6 万 ha に達し，そのうち 215.5 万 ha が高効率な節水灌漑面積である[20]．

　これらのステップは，中国におけるこれからの農業節水の基盤を築き，豊富な経験の蓄積につながった一方，2019 年時点の中国における灌漑水有効利用係数は 0.599 と，依然として先進国のレベルをはるかに下回っており，節水型農業の達成までの道のりは長いことを認識しなければならない．

5.4　節水灌漑導入状況

　内モンゴルにおいては，塩害や地下帯水層の枯渇等の回避・軽減を図りつつ，スプリンラー灌漑，点滴灌漑，低圧パイプ灌漑などの新たな節水技術の導入等も今後も進められる必要があり，農業用水の持続的な利用を目指すことが重要である．

　スプリンクラー灌漑（図 5.2）は，特別な灌漑設備を使用することで加圧水を畑に送り，噴霧して農地を均一に灌漑する方法である．大幅な節水効果があり，水路システムと維持管理作業を減少させ，過剰な灌漑によって引き起こされる土壌の二次塩類化を回避できる利点がある．小麦，トウモロコシ，スイカ，ピーマン，コショウ，施設野菜などの作物に広く使用される．1960 年代以降，内モンゴルは様々なタイプの灌漑プロジェクトに応じて，チャンネルライニングなどの節水対策を実施した．70 年代初めからはスプリンクラー灌漑プロジェクトの導入を推進し，70 年代末のピーク時にはスプリンクラー灌漑面積は 1.33 万 ha に達した．2000 年以降，内モンゴルは農業生産のための節水灌漑対策を全面的に開始し，節水灌漑の分野は地方政府と農業部門の政策支援を受けて徐々に拡大した．2019 年，内モンゴル東部地域だけでスプリンクラー灌漑面積は 50.4 万 ha となり，当地域の有効灌漑面積の 14.32%，当地域の節水灌漑面積の 24.90％を占めている[21]．

　点滴灌漑は，専門的な灌漑設備を使用して作物の根の土壌に水滴を浸透させる灌漑方法で，水の利用率を 95％に達することができる．点滴灌漑は，スプリンクラー灌漑よりも節水効果と収量増加効果が高く，同時に施肥のほかに水と肥料を

図 5.2 ジャガイモのスプリンクラー灌漑
（内モンゴル自治区翁牛特（オンニュート）旗農村地，2021 年 7 月，筆者撮影）

組み合わせて使うことにより，肥料効果が 2 倍以上になる．節水，省エネ，適応性が強いという利点があり，スプリンクラー灌漑よりも 15〜20％の水を節約でき，野菜，果物，経済作物及び温室等の灌漑に使用される．2018 年時点で内モンゴル河套区における点滴灌漑面積は 4,947ha で，当地域節水灌漑面積の 7.4％を占めている[22]．

　低圧パイプ灌漑は，パイプを使用して，送水中の地面への水の浸透の損失を効果的に減らすと共に，水分の蒸発を大幅に減らすことができる．パイプ灌漑設備の使用は比較的簡単で，価格は農民にも手の届きやすい価格である．現在，低圧パイプ灌漑は内モンゴル全体の農地で広く使用されている．2018 年時点で内モンゴル河套区における低圧パイプ灌漑面積は 46,587ha で，当地域における節水灌漑面積の 63.4％を占めている[22]．

5.5　節水の必要性

　2019 年 4 月 15 日，中国では「国家節水行動計画」[23] が正式に発表され，2035 年までに，水資源の節水と水循環利用率を先進国のレベルに到達させることを目標としている．中国北部の重要な生態系保全方策として，内モンゴルは自治区レベルでの節水行動の実施計画を迅速に策定する必要がある．

（1）　節水は，内モンゴルの乾燥地域における水資源の不足を解決するための基本的な方法

　内モンゴルは，中国で最も急速な経済発展を遂げている省・自治区・直轄市の一つである．「第 13 次五カ年規画」期間中の 2016 年から 2019 年にかけて，内モ

ンゴルの GDP は年平均 5.3％で成長した．第一次産業（農業），第二次産業（工業），第三次産業（サービス業）の GDP に占める産業比率は 2015 年の 12.6％，40.4％，46.7％から 2019 年の 10.8％，39.6％，49.6％に調整された．農牧業を基礎とし，サービス業を主体とし，工業構造の継続的な最適化とアップグレードに基づいた新しい経済発展のパターンが形成されつつある．2019 年の一人当たりの GDP は 67,852 元で，中国における 23 の省・5 の自治区・4 の直轄市の一人当たり GDP ランキングの中で第 11 位に並んでいる．住民一人当たりの可処分所得は，2015 年の 22,310 元から 2019 年の 30,555 元まで増加し，価格要因を除くと，年間平均の増加率は 6.3％である．また，2019 年には，内モンゴル全体の耕地面積は 766.7 万 ha を維持し，一人当たりの耕地面積は 0.37ha であり，これは中国の一人当たりの耕地面積の 3 倍以上であり，国内で 1 位である．草原の包括的な植生被覆率は 44％，森林被覆率は 22.1％であり，62.9 万 ha の土壌侵食が抑制されている[24]．しかし，内モンゴルにおける乾燥地域では，自然の地理的分布により，水資源が経済的および社会的発展を制限する主な要因であると考えられる．さらに，水不足，脆弱な水生態，水環境の損傷などの一連の未解決の問題は，節水により解決できる可能性が多い．節水型農業の発展は，内モンゴルの乾燥地域における水資源の不足から抜け出すための基本的な方法であると考えられる．

(2)　**節水は，内モンゴルにおける現代的な水管理政策を実施するための主要な方策**

　内モンゴルが現代的な水管理政策を実施するためには，節水を優先するだけでなく，水資源管理のあらゆる面で水保全を優先し，さらに重要なことに，節水のための経済社会開発計画を策定する必要がある．節水が真に水資源の開発，利用，保護，配分の前提条件となり，不適切な水需要を大幅に削減し，水資源開発の強度を制御し，下水や排水システムを改善するなどに重点を置き，持続可能な水資源を実現できるように，節水を優先するべきである．

(3)　**節水は，内モンゴルが環境を配慮した高質な開発を促進するための必然的な選択**

　節水とは収益の増加，効率の向上，排水量の削減，損失の削減を意味している．効率的な節水は，水資源の需給のアンバランスを緩和するだけでなく，産業のアップグレードと変革を促すことにも役立つ．高い水消費量，強い汚染状態，時代遅れの生産方法を改善することができるほか，下水と廃水の排出をも減らすこと

ができる高質な開発の新しいモデルである.

（4）　農業における節水技術の普及に対する課題

　まず，農地の節水に対する公的資金投入の不十分さ，農業者の自己資金調達の難しさによる節水施設の建設のための大きな資金のギャップが問題としてあげられる.

　次に，自然災害に抵抗するための農地の水保全インフラストラクチャの能力が強くないことも問題である. 主に節水灌漑面積が耕作地に占める割合が少なく，従来の水利プロジェクトは老朽化，破損，運営効率の悪さ等の問題を抱えている.

　最後に，現在零細で分散している土地請負の経営制度が効率的な節水技術対策の推進に影響を与えていることも問題としてあげられる. 点滴灌漑やスプリンクラー灌漑などの効率的な節水を実現するには，大規模な作付方法である統一栽培，統一灌漑，統一施肥が必要である. 現在，農村で実行中の「一家一戸の分散経営」制度による制約により，「統一栽培，統一灌漑，統一施肥」の三つの統一を実現することは非常に困難である.

5.6　持続可能な節水型農業の発展方策

　乾燥・半乾燥地域の内モンゴルでは，灌漑農業は食糧生産において重要な役割を果たしているが，その利用可能な水は，衛生，飲用水及び工業用水などの需要が増加するにつれて危機的な状況にある. 食糧の安定供給を確保するためには，農業用水が持続的に使用されることが必要であり，そのために，画一的な手法ではなく，灌漑の多様性や農業用水の多面的な役割を勘案した適切な節水型農業の発展管理方策を構築していく必要がある.

　第一は，農地の節水施設の建設を強化することである. 節水のための圃場インフラの建設は，農地の節水灌漑を実現するための重要な手段である. 特に，フィールドミニチュア節水プロジェクトの建設は，フィールド水道管，スプリンクラー灌漑，点滴灌漑などの節水灌漑設備を備えた灌漑エリアで実施され，これにより農地の節水灌漑の管理能力を向上させることが可能となる.

　第二は，さまざまな節水農業モデルを計画的に採用することである. 節水農業モデルは，スプリンクラー灌漑，点滴灌漑，水と肥料の統合技術の促進に重点を置き，小麦，トウモロコシ，野菜，果物の生産に焦点を当てる必要がある. 深地

下水貯蔵及び保全技術, 水分測定灌漑技術, 大規模耕うんあるいは保全耕うん技術, 節水・高収量品種の選定, 地域の状況に応じた植栽構造の調整など, 一連の乾燥地での農業のための節水技術措置を用いることで, 水資源の利用効率を向上させ, 乾燥地の節水型農業の持続可能な発展を確保することができる.

第三は, 農業の節水に関する広報活動を強化し, 節水型農業のデモンストレーションを増加し, 節水に対する人々の意識を高めることである. テレビやラジオなどの報道機関を活用する, 特別講演会, 広報月間などを通じて農業用水保全の広報を強化し, 人々に水資源の厳しい状況を認識させ, 実現を可能とする必要がある. 節水は次世代の持続可能な生活にとって重要な問題であることの認識を高め, 節水は生命の源と農業のライフラインを保護することであるという考えを確立することが求められている.

第四は, 農民に土地利用を合理的にし, 集約的な土地経営の実現を奨励することである. 高効率な節水型農業の特性に応じて, 農民の土地を大規模な植栽産業, さまざまな専門協同組合組織, 農業産業の主要企業に積極的に移管し, 集中的な管理を実現する必要がある.

5.7 お わ り に

内モンゴルにおいて干ばつと水不足, 水資源の供給と需要のギャップがますます大きくなっており, 農業灌漑水の不足は食糧安全を脅かし, 持続可能な農業発展を妨げる主な要因となっている. 農業用水の不足は節水対策によって解決される必要があり, 適切かつ効率的な節水型農業の発展は, 内モンゴルにおける食糧の確保, 水資源の確保, 生態の保全及び国家発展戦略の推進を確保するための重要な課題である.

農地灌漑における節水は, 中国の農業発展において重要な課題であり, 特に水資源が少ない地域である内モンゴルにとって, 効率的な農業灌漑を実施し灌漑水の浪費を減らすことは, 農業の持続的な発展を促進するための重要な手段である. そのため, 内モンゴルでは地表水灌漑プロジェクトを積極的に発展させ, 高度な圃場総合節水技術と灌漑地域節水情報技術を農地灌漑に適用し, 水資源の利用効率を改善することを通して, 節水を実施する必要がある. 農業用水の節水作業の実践において, 節水農業を全面的に実施するため, 節水農業の重要性を認識する

ほか, 技術サポートを強化することが重要である. 節水農業は, 農業用水の節約を可能とする技術の導入が必要であるとともに, 国家の食糧安全保障の確保にもつながる.

■注と参考文献

1) 宮本均, 雑賀幸哉, 馬場範雪, 進藤総治 (2003):「水と食と農」大臣会議, 閣僚級国際会議の報告, 農業土木学会誌, **71** (7).

2) 真木太一 (1996):中国の砂漠化・緑化と食糧危機, 信山社出版, p.11.

3) 王海燕, 高祥照 (2010):我国旱作节水农业现状, 问题及发展建议 (日本語訳:我が国における乾燥作物節水農業の現状, 問題及び発展提案), 中国农机推广.

4) 杨文柱 (2019):喷滴灌施肥灌溉马铃薯氮素吸收与农田氮平衡研究 (日本語訳:スプリングラー点滴施肥灌漑ジャガイモ窒素吸収と農業窒素バランス研究), 内蒙古大学博士論文.

5) 胡和平, 雷志栋, 杨诗秀 (1999):农业水资源的高效利用和可持续发展 (日本語訳:農業水資源の高効率的利用と持続可能な発展), 中国水利水电;陈敏健, 梁瑞菊, 刘玉龙 (1999):我国二十一世纪的水和粮食问题 (日本語訳:我が国の二十一世紀の水と食糧問題), 水利学报.

6) 内モンゴル水資源広報では, 降水量, 地表水, 地下水などのデータの長期平均値は, 1956年から 2000 年までの平均値を示している.

7) 于丽丽, 唐世南, 陈飞, 丁跃元, 羊艳, 刘昀竺 (2019):内蒙古自治区水资源开发利用情况与对策分析 (日本語訳:内モンゴル自治区水資源開発利用状況及び対策分析), 水利规划与设计.

8) 黄晓东 (2020):践行新发展理念 坚持生态文明绿色发展 科学编制好"十四五"水安全保障规划 (日本語訳:新発展理念の実践　生態文明のグリーン発展の維持　「第 14 次五カ年計画」を科学的に編制する), 内蒙古水利厅.
http://slt.nmg.gov.cn/art/2020/10/30/art_924_101265.html

9) 農業灌漑水有効利用係数とは, ある期間またはある時間内において, 圃場の作物が実際に使用した灌漑用水量と水源先の総灌漑水量との比率である.

10) 李文娟, 覃志豪, 林绿 (2010):农业旱灾对国家粮食安全影响程度的定量分析 (日本語訳:農業干ばつ災害が国家食糧安全に影響する程度の定量的分析), 自然科学报.

11) 内蒙古水利厅 (2020):内蒙古自治区水资源广报 2019 年.
http://slt.nmg.gov.cn/xxgk/jcms_files/jcms1/site/web2/art/2020/9/18/art_56_345.html

12) 内蒙古自治区统计局 (2021):内蒙古自治区 2020 年国民经济和社会发展统计报 (日本語:内モンゴル自治区 2020 年国民経済及び社会発展統計報).

13) 中国共産党第 15 期中央委員会の第 3 回全体会議は, 1998 年 10 月 12 日から 14 日まで北京で開催された. 会議は,「農業と農村仕事におけるいくつかの主要な問題に関する中国共産党委員会の決定」を検討承認した.

14) 中央 1 号文書とは, もともと中国共産党中央委員会が毎年発行する最初の文書を指す. 1949年 10 月 1 日, 中華人民共和国中央人民政府は「第 1 号文書」の発行を開始した.
　　中央水利工作会議は, 2011 年 7 月 8 日から 9 日まで北京で開催された. この会議は, 中華人民共和国の建設以来, 中央政府名義で開催された最初の水利作業会議であり, 年初に中央政府が公布した中央 1 号文書"水利改革発展の加速に関する決定"に続く, 中国水利部の発展歴史上におけるもう一つの主要なマイルストーンである.

15)　国家農業節水概要（2012-2020 年）は，2012 年 11 月 26 日，国務院官房が，節水灌漑を持続可能な経済社会的発展の主要な戦略的課題として，全面的に農業節水工作を実施するために，特別に策定された政策の概要である.

16)　第 10 次五カ年計画（2000-2005 年）とは，中華人民共和国の国家経済社会発展のための「第 10 次五カ年計画」の概要を示している.五カ年計画（The Five-year plan）の正式な名称は，「中華人民共和国の国家経済社会発展のための五カ年計画の概要」であり，これは中国の国家経済計画の重要な部分であり，長期計画である.主に，国家の重大な建設プロジェクト，生産力の分布及び国民経済の重要な比率関係などに対する計画を立て，国民経済の長期的発展のための目標と方向を設定することである.

　　　中国は 1953 年に最初の「五カ年計画」の策定を開始した.「第 11 次五カ年計画」から「五カ年計画」が「五カ年規画」という名称に変更されている（1949 年 10 月から 1952 年末までの中国国民経済の回復期と 1963 年から 1965 年までの国民経済の調整期を除く）.

　　　「第 11 次五カ年規画」は，2006 年から 2010 年の計画を，「第 12 次五カ年規画」は，2011 年から 2015 年計画を指す.「第 13 次五カ年規画」とは，2016 年から 2020 年の計画をさす.

17)　ムーは中国の土地面積の単位.1 ムー = 667m^2 = 0.0667ha.

18)　于智媛（2016）：西北地区灌漑方式的节水效果与农户选择研究（日本語訳：西北地区における灌漑方式の節水効果と農民世帯の選択に関する研究），中国農業科学院学位論文.

19)　新たに "四つの千万ムー" の高効率の節水灌漑面積を増やす実施方案に関する通知（2016-2020 年），中国全国で「四つの千万ムー」の高効率節水灌漑地域を実施している省自治区地域の一つとして，高効率節水灌漑プロジェクトの建設を推進することは，内モンゴル水利の最優先事項である.2017 年 7 月，内モンゴル政府は「新たに "四つの千万ムー" の高効率節水灌漑面積を増やす実施方案（2016-2020 年）に関する通知」の全体的実施計画を承認した.当年の任務は，地域全体の力を利用してこの計画を全地域に推進するものである.

20)　内蒙古自治区水利厅（2020）：关于对内蒙古自治区政协十二届三次会议（日本語訳：内モンゴル自治区政協に対する十二回三次会に関する会議）（内水政提［2020］19 号（B））.
　　　http://slt.nmg.gov.cn/art/2020/10/10/art_545_99959.html

21)　夏永紅（2019）：農田灌漑用水趋势及節水措施—以内蒙古自治区東部地区為例（日本語訳：農業灌漑用水傾向及び節水措置—内モンゴル自治区東部地区を事例に），河南農業.

22)　国瑞杰（2019）：临河区农业节水灌溉发展下小麦种植成本—收益研究—以双河镇为例（日本語：臨河区農業節水灌漑発展下小麦作付コスト—収益に関する研究—双河鎮を事例に），内蒙古农业大学学位論文.

23)　国家節水行動方案は，第 19 回中国共産党全国大会の精神を実践し，社会全体の節水を積極的に推進し，水資源利用効率を総合的に向上させ，節水型生産生活方式を形成することであり，国の水安全を確保し，質の高い発展を促進することを目標に，この行動計画方案を策定している.これは，2019 年 4 月 15 日に国家発展改革委員会と水利部によって発表され，実行された.

24)　"十三五" 时期内蒙古经济社会发展成效（日本語訳：「第 13 次五カ年規画」時期における内モンゴル経済発展成効），内蒙古統計微讯，2020 年 10 月 23 日.
　　　https://www.360kuai.com/pc/9c579edfd8a66a5e3?cota=4&kuai_so=1&tj_url=so_rec&sign=360_57c3bbd1&refer_scene=so_1

6. SDGs と次世代育成
―日本における家族・子育て支援政策と多様な主体による協働―

藪長千乃, 高松宏弥

　次世代の育成は，持続可能でより良い世界を目指す SDGs の達成において，その基盤をなす本質的な取り組みである．各目標達成の担い手の育成という意味でも，人口を適切な規模で維持していくという意味でも，いずれの意味でとらえても重要であろう．本章では，次世代育成を家族と子育てを支援する家族政策に絞って述べていく．はじめに SDGs における家族政策の位置づけについて説明し，次に先進諸国間における比較の視点を交え，さらに日本の状況について，在留外国人の事例をとりあげながら子どもをもつ家族への支援を論じる.

6.1　SDGs と次世代育成, 家族

　家族は，政策介入をする対象として基本的ユニットとなり，支援は家族の相互作用の中で大きく効果をもたらす可能性もあれば逆に作用することもある．しかし，その重要性は十分に評価されてこなかった．それは，UNICEF がたびたび引用している 2010 年の国連事務総長報告書の言明にも象徴されている.

　　国際社会において家族は評価されてきたが，開発努力においては優先されていない．これまで，コミュニティや社会の安定や結束の大半が家族の強さにかかってきたことについては共通理解があるように見えるが，開発目標の達成に対する家族の貢献は大きく見過ごされている．実際，開発目標の達成は，家族がどれだけ貢献できるように力を与えられているかにかかっている．家族のウェルビーイングの向上に焦点をあてた政策が発展にプラスとなることは間違いない[1].

SDGs では，ゴール（目標）やターゲットとして家族が明示されたのは家族計

画と家族農業経営だけであった．しかし，各項目の中には「健康な生活の確保」や「適切な家庭と家族内での責任の共有」など，間接的に家族が担い，また家族政策を通じて行なわれていく内容が散りばめられている．ユニセフがSDGsに関連して，2020年に発表した報告書『家族，家族政策と持続可能な開発目標』[2]では，家族政策が，SDGsの各ゴール，特に6つのゴールに直接的な効果をもたらすこと，さらにこれら6つのゴールを目的として実施される家族政策のそれぞれが，各ゴール単独ではなく複数のゴールに影響をもたらす強いスピルオーバー効果をもつことを指摘している（表6.1）．2030年のゴールに向けて，家族と次世代育成について検討することは重要なことであるといえるだろう．

表 6.1　家族政策とSDGsゴール（文献[1, 2]をもとに筆者作成）

家族政策の目標	効果をもたらしたゴール	研究などから確認された効果
貧困（ゴール1）：家族の貧困対策	**1**，2，3，4，5，8，10，11	金銭的貧困・極貧状態の削減，消費／生活水準の向上，医療へのアクセス・健康の保持，教育へのアクセス，教育達成，ジェンダー平等，雇用，不平等の縮減，住宅へのアクセス．
健康（ゴール3）：家族保健プログラム	2，**3**	食の栄養・健康，健康管理・健康知識の向上，メンタルヘルス，セルフケア，身体的健康・体重管理・運動，自殺予防，家族へのサポートによるストレスの軽減．
教育（ゴール4）：教育達成を目的とした家族支援	1，3，**4**，5，16	所得の増加，子どもの発達・健康・言語習得，学習達成，学校への出席，産休等を通じた雇用維持，保育・幼児教育を通じた子どもの社会的行動へのプラスの効果．
ジェンダー平等（ゴール5）：家庭と仕事の両立等を主な目的とした家族支援	1，3，4，**5**，8，16	産休・育休・父親休暇を通じた家族の安定，出生率の上昇，家族・子育ての時間の共有，家事の分担，賃金の上昇，雇用保障，女性の労働市場参加，選択肢（仕事）の拡大．
雇用（ゴール8）：若者の雇用促進策	1，5，**8**	女性の労働市場参加，雇用率・賃金レベルの上昇，世代交代の促進，サービス分野での雇用促進．
平和（ゴール16）：家庭訪問や家族へのエンパワメントを通じた暴力の根絶	3，4，5，**16**	出産家庭への訪問を通じた子どもの検診率上昇，入院の抑制，いじめの予防，保健師との関係構築による暴力被害届出の減少，児童虐待の減少・予防．

6.2　家族政策の動向―先進諸国を中心に―

2016 年の国連経済社会局家族専門家会合では，2015 年の段階で 75 カ国が，2030 年には 97％の国で出生率が人口置換水準を下回るという予想が報告された．先進諸国を中心として，希望の出生数が実際の出生数を上回り，希望する数の子どもをもてない状況が急速に広まっていくことが予想されている．その背景には貧困などの経済的理由があり，貧困削減には安定した女性の就労とそのために必要な保育の提供が大きな役割を果たすことも指摘された[3]．

家族を取り巻く政策は幅広く，子どもを産み育てる家族を支援する金銭給付，出産・育児休暇，保育等子育て支援サービスなどが代表的である．これらの政策は，先進諸国における家族政策の中心をなしているが，発展途上国においても貧困削減と女性のエンパワメントに向けた有効な手段として期待されている．さらに，家族計画やリプロダクティブヘルス／ライツ，暴力・虐待の根絶等の家族の健康や安全の確保，加えて近年では，早期の人的投資が教育達成に大きく寄与することに関する科学的知見が蓄積されてきたことを踏まえた幼児教育等の社会的投資政策，うつ病や依存症等の精神疾患罹患者の広がりを踏まえた家族へのメンタルヘルスプログラム等，家族を介して人のウェルビーイングや発展の向上を目指す取り組みも重要度が増している[3]．ここでは，先進諸国の家族政策の状況について概観する．

家族政策の機能には，子育ての支援，子どもと成人の生命の維持とケアの支援，低所得世帯を対象とした貧困の削減や所得の確保，子どものいる家庭といない家庭の負担の衡平性を図るための子育てコストの補償，女性の労働参加を促進するための雇用の促進，パートナー間の有償／無償労働の平等な分担を促進するジェンダー平等，親の就労促進による生活水準の向上と子どもの就学機会を促進する幼児期の発達支援，そして出生率の向上などがあげられる[4-6]．どの機能を重視し，手厚くするかは，その国の文化的背景や政策イデオロギーを反映している[7, 8]．例えば，ジェンダー平等に価値を置く国では両立支援策が手厚く，伝統的な性別役割分業観を保持する国では児童手当や租税支出（税の控除）等で子育てコストの補償をするが両立支援策には消極的であるなどである．

20 世紀後半，特に 1970 年代以降，先進諸国の家族政策は男性稼ぎ主（専業主

婦）モデルから，性別を問わず働く成人労働者モデルへと移行していることが指摘されている[4, 6, 9, 10]．こうした移行を踏まえて各国のさらなる違いに目を向けてみると，ある程度のバラエティはあるが，既存の研究結果はおおむね先進諸国は子育てへの公的支援に積極的な国と消極的な国に，さらにいずれも伝統的なジェンダーモデルを維持しようとするタイプと共稼ぎを前提としたジェンダー平等を推進するタイプに分けることができるだろう[11]（表 6.2）．

　脱工業化やこれに伴う新しい社会的リスクの出現，ジェンダー平等の進展，出生率の低下や高齢化の進行，グローバル化の中で，先進諸国における家族政策は拡大し，ケアの社会化は進んでいる．特に近年では，父親への出産・育児休暇も広がり，社会的投資政策[12]が保育・幼児教育への支援を拡大している．表 6.2 のような類型化も変化の途上にある．しかし，給付の拡大や期間の伸長など寛大な政策は，日本を含めた伝統的家族型の政策をとっていた国ほど広がりをみせているが，保育サービスの不足や労働慣行の壁，ジェンダーによる差別が依然として残り，結果として女性の労働市場参加を狭めていることが指摘されている[6]．OECD 諸国の家族政策パターンの分類を試みた研究[5]では，「片稼ぎ家庭は南欧，東欧，日本で際立って高く，また，これらの国とさらに韓国で女性の 40 時間以上労働が多いことが仕事と家庭生活のバランスの困難を高めている．長時間労働と保育の不足に直面すれば，片稼ぎしか選択肢がない」と述べられている[14]．

　ここで日本の状況を確認してみよう．日本は子育てへの公的支援が消極的で伝統的家族規範の強い保守型モデルに属すると考えられる．実際，公的家族給付は先進諸国でも低い水準にある（図 6.1）．しかし，女性の労働力率は 70％を超え

表 6.2　先進諸国における家族政策類型（文献[4-7, 10, 12]を参考に筆者作成）

		子育てへの公的支援	
		消極的	積極的
家族規範	伝統的家族	**保守的モデル** 休暇期間：長 給付水準：低 保育サービス：少	**出生率向上モデル** 休暇期間：長 給付水準：高 保育サービス：少〜中
	ジェンダー平等	**市場指向モデル** 親・育児休暇：短 給付水準：低 保育サービス：少	**社会的ケアモデル** 休暇期間：長 給付水準：高 保育サービス：多

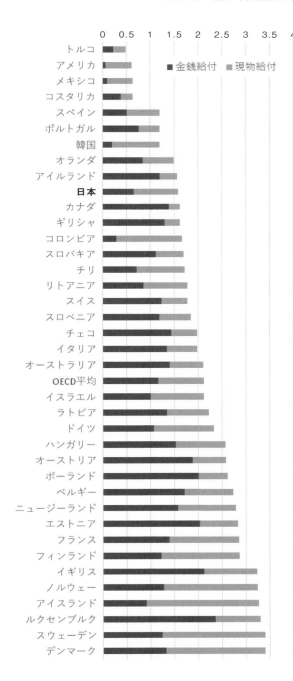

図6.1　OECD諸国における公的家族給付（文献[15] から筆者作成）
2017〜19年，対GDP比（％）．データの年次は2017年〜19年までの間の入手可能な最新の年次のものを使用した．
公的家族給付は，子どもに関連する金銭給付（児童手当，出産・育児休暇に伴う給付，ひとり親家庭への給付），サービス／現物給付（保育・幼児教育，若者向けの給付・住宅保障，家事支援などの子育て支援サービス，租税支出（控除，減税等）が含まれる．子どものいる家庭への保健医療サービスや住宅サービスは含まれない．

（70.7%，2020年），OECD平均（61.3%，2019年）を大きく上回るようになった[16]．伝統的家族規範を反映した労働慣行と性別役割分業の中で，家族生活と仕事がトレードオフの関係になり，家族は「無理をしないと」仕事をしながら子どもを持ち育てることができない状況に追い込まれている．

6.3　日本における乳幼児の子育て支援

それでは，日本における乳幼児の子育て支援政策に着目してみていこう．出産・乳幼児期は，カップルにとって生活に大きな変化が生じ，時間的な制約が大きく，比較的所得が低い年代であるためにコスト面でも負担が大きい時期である．また，教育・職業上の経験を積み社会的にも徐々に地位を固めつつある時期でもある．若いカップルが子どもを産み育て，順調にライフキャリアを積み上げるこの時期が，複数世代にわたって社会経済的参加を果たしていくためのカギとして，最も重要な時期といえるだろう．

2012年に成立した子ども・子育て支援法（平成24年法律65号）は，これまで各種の法制度に分散していた家族政策の一部を利用者の視点から整理し，二元化していた保育と幼児教育の統合を図った．また，子育て家庭を支援するサービス整備のための諸制度も，地域子ども・子育て支援事業として整理された．ここには，妊娠期から出産後の乳幼児期に様々な支援ニーズに応えるための制度が網羅され，ケースに応じた相談支援の機会や場，一時的な預かりニーズへの対応などが，リスク等にも応じて設定されている（表6.3）．これらの事業は，自治体が個々の事情に合わせて直営や委託など，保健所／センターや保育所・幼稚園・児童館を活用して実施しており，その態様は様々である．

しかし，このように制度が法や規則の上で整理されても，誰もが確実に利用できる体制にはなっていない．前節で述べたように，日本における家族政策への支出は乏しく，制度があってもカバーしきれていない[17]．こうした制度上の漏れや隙間から生じる問題は，多様化が進む現在にあっても，ひとり親家庭や障がいをもつ人たち，外国人など，社会・経済・文化的マイノリティの中で最も顕著に現れる．そこで，次に在留外国人の事例をとりあげる．

表 6.3　地域子ども・子育て支援事業（子ども・子育て支援法第 59 条関係）（筆者作成）

性質		事業名	内容
相談支援	健康管理（妊娠期）	妊婦健康診査	妊娠期間中に 14 回まで医療機関で健診を受けることができる．市町村への妊娠届の提出により，母子手帳が交付され，妊娠初期は 4 週間に 1 回，中期は 2 週間に 1 回，後期は毎週健診を病院等で受ける．
	相談支援	利用者支援	子育てに関する相談や情報提供，子育てに関する給付を確実に受け取ることができるように相談に応じ必要な情報提供や助言等を行う．例えば東京都では多くの区市町村に子供家庭支援センターを設置して対応しているほか，浦安市のように子育てケアマネジャーを設置してサービス利用の調整や相談に応じる例もある．
		乳児家庭全戸訪問事業	生後 4 か月までの乳児のいるすべての家庭を訪問し，不安や悩みの相談に応じ，子育て支援に関する情報提供を行う．
		養育支援訪問事業■	育児ストレス等，子育てに対して不安や孤立感を抱える家庭やそのほかの養育支援が必要な家庭に対して，育児・家事援助や保健師の指導助言等を行う．主に全戸訪問事業で把握した継続支援が必要な家庭等に対して主に行われる．
	ピア・サポート	地域子育て支援拠点事業	「子育てひろば」として整備されている．乳幼児やその保護者が相互に交流を行う場所を開設し，子育ての相談，情報提供，助言等を行う．
預かりニーズへの対応	一時預かりニーズへの対応	子育て援助活動支援事業	ファミリーサポートセンターを設置し，子どもの一時的な預かりや外出支援について，地域の中で支え合いを行うための連絡調整を市町村事業として実施する．提供会員と依頼会員（名称は様々）を登録し，センターで希望を調整する．
		一時預かり事業	保護者の傷病など一時的な保育の必要性に応じて，幼稚園や保育所，ファミリーサポート等の利用ができる．自治体によって就労や通院などの利用要件を設定しているが，冠婚葬祭や習い事，買い物，美容，レスパイトのために利用できる市町村もある．
		子育て短期支援事業■	保護者の病気，出産，出張などで一時的に宿泊・夜間の子どもの預かりが必要になった場合に児童養護施設などに入所する．ショートステイ，トワイライトステイなどの名称で実施されている．
	保育所等利用家庭への支援	延長保育事業	認可保育所において，保護者の就労形態等により基本保育時間を延長して預かり保育を行う．自治体は，実施保育施設に対して助成を行うことで，実施を確保する．
		病児保育事業	病気の回復期のために集団保育や家庭保育が困難な子どもを病院や保育所などで預かる．ファミリーサポートセンターの活用も行われる．
		補足給付事業■	一部の家庭に日用品や保育教育に必要な文房具や物品等の購入費用を助成する補足給付を行う．
小学校通学児童家庭への支援		放課後児童健全育成事業	就労等に伴い昼間保護者が家庭にいない小学生（主に低学年）に対し，授業の終了後に遊びや生活の場を確保する．放課後児童（育成）クラブ，学童保育などの名称で展開されている．障害児の受入れが進められている．

＊■は，所得要件やハイリスクなど一定の要件を満たす家庭に対する支援に付した．

6.4　在留外国人の子育て支援

　それでは，東京圏の在留外国人に焦点を当てて，外国人による子育て支援について論じる．1990年代に顕在化して以降，少子高齢化の進展が加速するなかで，日本の在留外国人人口は近年，継続的かつ急激に増加している[18, 19]．日本の首都であり，政治・経済・社会・文化の中心である東京は，「多国籍化・マルチエスニック化・言語化が進展する外国人集住都市」である「多文化都市（multicultural cities)」として分類され，特に外国人の流入が顕著な地域であることが指摘されている[20, 21]．東京都に埼玉県，千葉県，神奈川県の1都3県を含む東京圏でみると，全国の約40.6%もの外国人が居住している（法務省「在留外国人統計」)[22]．

　在留外国人が加速度的に増加するに連れて，外国人を親にもつ新生児の出生数も同様に増加している（表6.4）．表6.4は父母の国籍別にみた日本における出生数の推移を示したものである．1990年代時点で既に少子化の傾向が確認されるなかで，「外国人の父親と日本人の母親を持つ子ども」と，「父母ともに外国人の子ども」が著しく増加していることがわかる．

　このような状況下において，多くの外国人が居住する大都市において，どういった主体がどのような形で外国人たちの子育てを支援しているのか，またどのような課題を抱えているのかという疑問が浮かび上がる．ここでは，これらの問いに答えるための端緒として，東京圏で実施されている外国人居住者に対する育児支援について，具体的な事例をもとに検討を行う．

表6.4　父母の国籍別新生児出生数
（国立社会保障・人口問題研究所「人口統計資料（2020年版)」より）

年次	総数	父日本人[1] 母日本人	父日本人 母外国人	父外国人 母日本人	父外国人[2] 母外国人
1990	1,229,044	1,207,899	8,695	4,991	7,459
1995	1,197,427	1,166,810	13,371	6,883	10,363
2000	1,202,761	1,168,210	13,396	8,941	12,214
2005	1,073,915	1,040,657	12,872	9,001	11,385
2010	1,083,615	1,049,338	11,990	9,976	12,311
2015	1,019,991	986,598	9,459	9,620	14,314
2018	935,287	900,522	8,436	9,442	16,887

注：1) 日本国籍の摘出でない子を含む．2) 外国籍の摘出でない子を含む．

　まず，公益社団法人東京都助産師会が実施した，中国語話者とフィリピン語話者を対象とした両親学級である[23]．「日本に住んでいる外国人の妊婦さんが日本人と同様に，行政の支援サービス情報を収集でき，サービス利用が促進される」こと，「出産育児に必要な物品や沐浴などの知識が習得でき，日本で安心して出産育児に取り組める」ことを活動目的とするものであった．「1回のクラスは2時間で，5組まで」と対象範囲は限定的ではあるが，家族の呼び寄せによる国際移動を経験したために日本語を話すことができない子育て世代の女性が一定程度存在することを鑑みれば，重要な取り組みであるといえる．

　つづいて，杉並保健所保健サービス課（高円寺保健センター）と特定非営利活動法人シェア＝国際保健協力市民の会が協働で実施した，ネパール人を対象とした母親学級である[24]．これは多くのネパール人が集住する地域である高円寺ならでは活動で，「外国人妊婦（ネパール人）が，妊婦面接，妊婦訪問や母親（妊婦）学級への参加を通して，母子保健医療サービスを理解することにより，外国人母子の保健医療サービスを受けやすくする」ことを目的としたものであった．杉並区は「外国人妊婦面接・母親学級の周知・実施及び教材の開発，調査協力」を担い，事業者であるシェア＝国際保健協力市民の会は「外国人女性ボランティアによる妊婦訪問時の情報提供・情報収集・調査，教材作成協力，通訳など」を担当した．相対的に人口数の少ないネパール人をいかに包摂するかという点を乗り越えるために行政とNPOの双方の特性を活かした協働として注目に値する．

　以上のような母親学級（両親学級）の実施を通した直接的な育児支援のほかに，ウェブサイトを通した間接的な育児支援の実践もみられる．

　まず，神奈川県の外郭団体である公益財団法人かながわ国際交流財団が運営する「外国人住民のための子育て支援サイト」である．妊娠から育児までに必要となる手続き等に関する大まかな流れについて動画やフローチャートで示されており，現在では10カ国語（中国語，タガログ語，ポルトガル語，スペイン語，ベトナム語，英語，ネパール語，タイ語，韓国語，インドネシア語）に対応している[25]．このウェブサイトの特徴は，育児を行う外国人のみならず，その支援者に対しても外国人住民の妊娠や子育てをいかにして支えるのかを示している点にある．

　次に，特定非営利活動法人きずなメール・プロジェクトの「ママ翻訳プロジェクト」である．きずなメールとは「『安心・つながり・たのしみ』を子育て中の母

親や父親に LINE やメールで継続して届けることで『孤育て』を防ぐことを目指したコンテンツ」で，利用者は LINE や Twitter，メールなどでメッセージを受け取ることができるものである．杉並区に住む子育て中の母親達との協働により，きずなメールは英語版，タイ語版，インドネシア語版といった多言語化や，高度な日本語を介さない外国人のための「やさしい日本語」化に取り組んできた[26]．

　以上のように，東京圏に限った事例をみても多様な取り組みが実施されてきたことがわかる．他方で，こうした取り組みや実践をいかにして広く周知し 'No one will be left behind' を達成するのかという点は依然として大きな課題である．日本に居住する外国人の育児に関する文献の検討を行った羅と佐藤によれば，既往研究では下記の点が指摘されているという[27]．第一に，日本の母子保健医療に対して，肯定的な認識のみならず否定的な認識ももっている点．第二に，育児に対する一般的なストレスに加えて，異文化のなかで生活することに対するストレスも生じる点．第三に，家族，社会の双方から育児への支援がなされていたが，必ずしも効果的ではなかった点．これらの課題を乗り越えるためには，ここまで紹介してきた事例のように多様な主体による支援に加えて，異国の地でより大きなストレスを感じながら育児を行う外国人を支える家庭の内外からの，より包括的な支援が必要である．

　以上の点を念頭に置いたうえで，高度な日本語を介さずとも安心して育児を行うことができる環境をさらに整備し拡充することは，今後さらなる外国人人口の増加に直面することが予想される日本社会において喫緊の課題といえるだろう．

6.5　次世代育成とコペアレンティング，多様な主体の協働

　家族は次世代育成の基盤であり，また社会の基礎単位として政策の対象となり，政策の実現を支える存在となってきた．家族には広範で重要な機能が期待されているが，支援がなければ子どもを産み育てる家族は脆弱である．

　日本では女性の労働市場参加が進み家族の変容が進んでいるが，家族への公的支援は残余的である．子ども・子育て支援法の導入により制度の体系化が少しずつ図られるようになった．しかし一連のサービスは，子どもを育てる親の負担を軽減することができても，労働市場と私生活の間の，またジェンダー間，マジョリティとマイノリティ間のアンバランスを解消するものではなく（6.3 節，表6.3

参照），「無理をしないと」子育てができない状況を改善するためには機能しない．本質的な解決には，長時間労働と待機児童の問題の解決，市民の側に立った（つまり，子育て家族の様々な状況に合わせることのできる）普遍的な支援が必要である．これには，公的機関の取組だけでは限界があり，多様な主体の参加が要請される．これに加えて，母親と父親が共に子育てに参加する良好なコペアレンティングへ向けた支援が必要である．コペアレンティングは，「親であるカップルの双方が子育てについて共有するとともに，親役割を調整・サポートしあう，子どもを含めた三者の関係性」のことである．単なる育児等の分担ではなく，親としての役割を理解し協働して担っていく関係性と子どもとの関係を含めた三者の関係性及びその全体をさす．コペアレンティングは，子ども・親双方の心身の健康や子どもの発達に影響を与え，協力的なコペアレンティングが，親になることや親としての役割を容易にすることがわかっている．「無理をしない」持続的な次世代育成のカギがここにある．

　新型コロナウイルス感染症の世界的な流行への対応として，必ずしも対面の場を必要としない新しいコミュニケーションの形が広く実践されている．オンライン会議ツールを用いることで，職場や学校に赴くことなく日々の生活を送ることが可能であると多くの人びとが実感したはずである．他方で，本章で論じてきた次世代の育成にまつわる諸過程は，（少なくとも現時点では）オンラインへの置き換えが最も難しいものの一つであるだろう．特に，昨今の情勢下において異国の地で出産から育児までを経験することになる外国人居住者たちが直面する心理的なストレスは計りしれない．持続可能な社会とは，外国人居住者など様々な形態・状況の家族を含むすべての人びとが安心して次の世代を育むことができる社会であり，その実現には行政やNPO，民間企業をはじめとした多様な主体による協働が不可欠である．

■注と参考文献

1)　UNICEF（2018）：*Key Findings on Families, Family Policy and the Sustainable Development Goals*. Synthesis Report, May 2018.

2)　Richardson, D. et al.（2020）：*Families, Family Policy and the Sustainable Development Goals*. UNICEF.

3)　UNDESA（United Nations Department of Economic and Social Affairs）(2016)：*Sustainable Development Goals and family policies*, Family Expert Group Meeting：Summary of the Proceedings.

4) Gauthier, A. H. (2002)：Family Policies in Industrialized Countries：Is There Convergence? *Population*, **57** (3)：447-474.

5) Thévenon, O. (2011)：Family Policies in OECD Countries：A Comparative Analysis. *Population and Development Review*, **37** (1)：57-87.

6) Ferragina, E. and Seeleib-Kaiser, M. (2015)：Determinants of a Silent (R) evolution：Understanding the Expansion of Family Policy in Erich OECD Countries. *Social Politics*, **22** (1)：1-37.

7) Korpi, W. (2000)：Faces of Inequality：Gender, Class and Patterns of Inequalities in Different Types of Welfare *States*. *Social Politics*, **7** (2)：127-191.

8) Forste, R. and Fox, K. (2012)：Household Labor, Gender Roles, and Family Satisfaction：A Cross-National Comparison. *Journal of Comparative Family Studies*, **43** (5)：613-631.

9) Goldin, C. (2006)：The Quiet Revolution That Transformed Women's Employment, Education, And Family. *American Economic Review*, **96**：1-21.

10) Daly, M. and Ferragina, E. (2018)：Family policy in high-income countries：Five decades of development. *Journal of European Social Policy*, **28** (3)：255-270.

11) 類型化を試みた研究の多くは，出産・育児に関する休暇の期間，休暇中の補償の所得代替率，児童手当などの金銭給付，子育て家庭に対する租税支出（税控除），保育サービスの利用率，子ども・家族向けサービスへの公的支出等を基に，ジェンダー別の労働力率，貧困率や所得格差，ひとり親家庭への支援やその他の福祉制度のカバー率，政治的指向などを用いて分析している[4-7, 10, 12, 13].

12) Esping-Andersen, G. (1999)：*Social Foundations of Postindustrial Economies*. Oxford.

13) 藪長千乃 (2019)：社会的保護・社会保障と SDGs. 国際貢献と SDGs の実現—持続可能な開発のフィールド—（東洋大学国際共生社会研究センター監修），pp.94-104, 朝倉書店.

14) このような状況で最も不利な状況に直面するのがひとり親家庭である．労働慣行と保育サービスの不足のために両立が極めて困難であることに加えて，金銭給付も限定的な国では，伝統的家族規範からの逸脱が制裁のように現れる．日本ではひとり親家庭の貧困率が OECD で最悪の水準にある.

15) OECD (2021)：*Family benefits public spending* (indicator). doi：10.1787/8e8b3273-en

16) OECD (2021a)：*Employment rate* (indicator). doi：10.1787/1de68a9b-en (2021 年 2 月 21 日アクセス)

17) 2016 年に「保育園落ちた日本死ね！」という匿名のブログが注目を集め，国会前の抗議デモ活動へ発展し，その後の保育所整備の進展に影響を与えた．制度の漏れの問題はこの事象に象徴されている.

18) 1980 年時点で 774,505 人であった在留外国人人口は，2019 年末には約 4 倍となる 2,993,137 人と過去最高を記録した（法務省「在留外国人統計」）.

19) 新型コロナウイルス感染症の感染拡大に伴う入国制限が影響し，在留外国人人口は減少に転じた（「在留外国人，昨年末比 1.6% 減 新型コロナで増加止まる」『日本経済新聞』（2020 年 10 月 9 日）：
https://www.nikkei.com/article/DGXMZO64825410Z01C20A0EA3000/

20) 渡戸一郎 (2006)：地域社会の構造と空間—移動・移民とエスニシティ—．地域社会学講座第 1 巻 地域社会学の視座と方法（似田貝香門監修，町村敬志編），pp.110-130, 東信堂.

21) 実際に，最も外国人人口が多いのは東京都の 593,458 人（総数の 20.2%）であり，つぎに多い愛知県の 281,153 人（同 9.6%）と比較して 2 倍以上の外国人が居住している（総務省「在留外国人統計」）.

22) 国籍別では，中国813,675人（全体の27.7%），韓国446,364人（同15.2%），ベトナム411,968人（同14.0%），フィリピン282,798人（同9.6%），ブラジル211,677人（同7.2%）の順に多い（総務省「在留外国人統計」）．

23) 「助産師による在日外国人女性と子どもの支援〜母親学級を通して」令和2年度社会福祉振興助成事業（WAM助成）による．内定額は3,551,000円．両親学級はオンラインで実施された．https://www.wam.go.jp/hp/wp-content/uploads/R2wam_naiteiP.pdf

24) 「外国人母子の母子保健医療サービスへのアクセス改善を目的とした母親（妊婦）学級の強化と連携体制づくり」杉並区令和2年度協働提案事業による（2年間実施）．単年度あたりの概算経費は3,002,230円，そのうち区の負担額は2,500,000円．
https://www.city.suginami.tokyo.jp/_res/projects/default_project/_page_/001/050/467/shiryou3_4.pdf

25) ウェブサイトURL：http://www.kifjp.org/child/

26) ウェブサイトURL：https://www.kizunamail.com/activity/overseas/

27) 羅伝潔・佐藤洋子（2020）：在日外国人の育児に関する文献検討．日本小児看護学会誌，**29**：59-64.

7. セブにおける市民社会組織（CSO）による持続可能な開発目標への関与に対する自発的モニタリング

―目標達成に向けた考察―

マリア・ロザリオ・ピケロ・バレスカス，高松宏弥，アルヴィン・レイ・ユー，ニニョ・アルジェン・ベロクラ，フェリックス・アカアク・ジュニア，カトリーナ・ペスタニョ，ゼナイダ・タブカノン

> 「我々はこの共同の旅路に乗り出すにあたり，誰一人取り残さないことを誓う．」
>
> （宣言，第4項，国連持続可能な開発のための2030アジェンダ）

7.1 概　　　要

　本章は，RCE-Cebu（持続可能な開発のための学習の地域実現拠点-セブ）が市民社会組織（CSO）と共同で実施した，フィリピンのセブにおける市民社会組織の持続可能開発目標（SDGs）に対する関与の自発的モニタリングを目的とした探索的な取り組みから得られた最重要点および考察を記録した定性的な報告書である．

　RCE-Cebuは，政府，大学，ビジネス界，産業界，およびCSOからなる異部門ネットワークで，2005年9月に発足し，2006年4月に国連大学に認定された．これは，2020年12月の時点で国連大学によって正式に認定されている179のRCE（Regional Center of Expertise）の一つである．世界規模のRCEは，「世界規模の目標を運営される地域の状況への変換を行い」，「2014年のDESD（持続可能な開発のための教育の10年）の終了に伴って，ESD（Education for Sustainable Development）に関する世界行動計画の実践および持続可能な開発目標（SDGs）の実現に向けた貢献により，ESDのさらなる生成，加速化，および主流化を実践する」[1]．

　2015年，国連は2016年から2030年にかけて，パートナーシップを通じて，世界の平和と繁栄に向けた共同参加，統一，および変革に対する呼びかけを策定し

た．この国連 2030 アジェンダは，2015 年に終了した MDGs（ミレニアム開発目標）から 17 項目の SDGs（持続可能な開発目標）を受け継いだものである．SDGs の 17 のゴール（目標）は以下のとおりである[2]．

1. 貧困をなくそう
2. 飢餓をゼロに
3. すべての人に健康と福祉を
4. 質の高い教育をみんなに
5. ジェンダー平等を実現しよう
6. 安全な水とトイレを世界中に
7. エネルギーをみんなに　そしてクリーンに
8. 働きがいも経済成長も
9. 産業と技術革新の基盤をつくろう
10. 人や国の不平等をなくそう
11. 住み続けられるまちづくりを
12. 作る責任　使う責任
13. 気候変動に具体的な対策を
14. 海の豊かさを守ろう
15. 陸の豊かさも守ろう
16. 平和と公正をすべての人に
17. パートナーシップで目標を達成しよう

国連 2030 アジェンダ宣言は，「政府，民間，市民社会，国連組織，および他の実践者を団結させ，すべての目標および目的の実装を支援する世界規模の積極的関与」（第 38 項）について言及しており，「目標および達成基準項目の実装に対する国，地域，世界レベルでの進捗状況の事後確認およびレビューの主責任は政府が負うこと」（第 47 項）が記載されている．これに従い，2015 年 9 月，192 の国連加盟国と共に，フィリピン政府は，17 項目の持続可能な開発目標（SDGs）および 169 の達成基準項目（ターゲット）を 2030 年までに達成することを表明した．

2019 年 7 月 9 日から 18 日までニューヨークで開催された 2019 年の持続可能な開発に関するハイレベル政治フォーラムにおいて，フィリピン政府は他の 50 カ国と共に，SDGs の自発的国別レビュー（VNR）を発表した．これは，ゴール 4

（質の高い教育をみんなに），ゴール 8（働きがいも経済成長も），ゴール 10（人や
国の不平等をなくそう），ゴール 13（気候変動に具体的な対策を），ゴール 16（平
和と公正をすべての人に），およびゴール 17（パートナーシップで目標を達成し
よう）に焦点を当てたものである．フィリピンの CSO は多数の諮問委員会に招待
され，CSO の SDGs 関与数は，フィリピン政府の最終 VNR に含められた．フィ
リピン政府の VNR は国連 SDGs 報告書のように情報量が多く有益である一方，統
計が多く，特定地域の SDGs が対象とする受益者や人々の「顔」が見えるもので
はなかった．

　フィリピンのセブ市では，世界規模の目標を地域社会の文脈に置き換えて，持
続可能な開発目標（SDGs）へ貢献することを目指している．RCE-Cebu は，2019
年 6 月に Project Drawdown の Lisa Dicdigan および CDHA（Collaboration for
Development and Humanitarian Action）（開発と人道的行動のための協力）の
Chris Estallo と「さまざまな分野の SDGs 関与について何を学ぶことができるか」
という質問に焦点を当てた非公式の対話を開始した．この非公式な会話は，
「From Global to Local, Local to Global：SDGs Presentations in Cebu's
Landscape（世界から地域へ，地域から世界へ：セブの状況を踏まえた SDGs 提
案）」というテーマで対話へと具体化することとなった．

　2019 年の 7 月および 8 月に開催した 2 度の対話では，学術機関，CSO，地方自
治体，政府組織などと共同で，フィリピンのセブにおける多分野のパートナーの
参加のもと，試験的に自発的モニタリングの共同作業を行うことで合意を得た．

　こうした実験的構想の主な目的は，特定の地域における SDGs の受益者の人間
的側面に焦点を当てた代替的または補完的な報告書の作成で，全世界が 2030 年に
向けての旅路へと乗り出すにあたり誰一人取り残されないように毎年モニタリン
グすることであった．自発的モニタリング構想の結果としての CSO 報告書では，
SDGs に関連する様々な指標の統計的な報告ではなく，特定のコミュニティに属
する人々を報告書の中心に据えることを意図していた．また，この共同構想では，
政府，学術機関，市民社会，その他の分野における様々な協力者とともに，人々
や地域社会における SDGs 関与の範囲，普及程度，奥深さを評価し，文書化する
ためのプラットフォームの作成を念頭に置いた．最終的に，最初に提案されたモ
ニタリング報告書は，参加しているセブ CSO のおよびそれらの SDGs への取り組
みを中心に据えることとなった．この報告書は，対話 3 と 4 の期間中に RCE-

Cebu が共有したデータと，2020 年 1 月にセブ CSO が実施した調査に基づいて作成された．

　この時点で，本章には調査結果に関連して以下の制約があることを述べておく必要がある．第一に，すべてのセブ CSO が対話および調査に参加したわけではないことである．第二に，調査の質問に完全に回答しなかった CSO があったことである．また，返送された調査をすべて精査し，調査項目に対して完全に回答しているかを確認すべきであったが，パンデミックに起因する他のニーズに対して優先的に対応したため，フォローアップを行うことができなかった．最後に，紙面の都合上，対話部分の詳細は，主に水に関する SDGs のゴール 6 と 14 に取り組んでいる CSO の報告書から引用した．

　これらの制約を考慮した本章の構成は以下のとおりである．まず，RCE-Cebu およびその協力者によるセブ CSO の SDGs への取り組みに関する自発的モニタリング報告書の作成に向けて実行された最初のステップに関する記述を行う．RCE-Cebu および協力者は，2030 年まで誰一人取り残さないという目標を確実なものにするために，セブ CSO の協力者による SDGs への関与によって受益者およびコミュニティにプラットフォームが形成され，毎年実施される地域／世界規模のレビューやモニタリングの対象となることを強く願っている．

　次のセクションでは，特定の CSO による以下の SDGs への関与に焦点を当てた対話のテーマ／メッセージを紹介する．a）水に関連する SDGs：（ゴール 6：安全な水とトイレを世界中に，ゴール 14：海の豊かさを守ろう），b）気候変動に具体的な対策を（SDG 13）の以上 2 点である．

　セブ CSO の SDGs への関与に関するデータは以下の質問を含む調査から得られたものである．実践者（CSO），目標（SDGs への関与），場所，時期，方法，協力者（地域／世界規模の協力者），対象者（個人およびコミュニティの受益者）．前述のように，本章の目的は，将来の地域／世界規模の SDGs のモニタリング，レビュー，および報告のために，対話および調査から得られたデータの価値を分析することである．この探索的な共同構想の主要部分が，今後毎年一度の SDGs モニタリングおよびレビューを文書化する最良の方法の検討につながり，政府または国連組織だけではなく，民間，市民社会，および他の実践者の協力や貢献についても報告できることを願っている．

　最も重要なのは，本章で示した主要部分および考察によって，実在する人々，

つまりコミュニティ内での SDGs 関与の特定受益者に焦点を当てた記述がなされ
ることである．現在から 2030 年まで，SDGs の達成に向けた過程において誰一人
取り残されないよう，献身的かつ慎重に，定期的な SDGs のモニタリングや報告
によって，世界中の人々やコミュニティに焦点が当てられることを願う．

7.2 自発的モニタリングに向けた実験的実施
—会話から対話および調査—

　RCE-セブは，2030 年までに誰一人として取り残されないという国連 2030 社会
アジェンダの重要なメッセージ実現の進捗状況をモニタリングおよびレビューす
ることに関心をもち，セブ CSO による SDGs への取り組みを概観し，理解を深め
たいと考えた．モニタリングを実施するために，CSO の協力者（Project
Drawdown PH の Lisa Dicdigan および CDHA-Collaboration for Development
and Humanitarian Action の Chris Estallo）と 2019 年 6 月に何度か議論する機会
を設けた．

　その後，行われた非公式の会話は 4 回の対話に集約され，「From Global to
Local, Local to Global：SDGs Presentations in Cebu's Landscape（世界から地域
へ，地域から世界へ：セブの状況を踏まえた SDGs 提案）」というタイトルがつけ
られた．以下の表 7.1 は，4 回行われた対話のテーマ，日付，および参加者数な
どの概要を示したものである．2019 年 7 月と 8 月に開催された最初の 2 回の対話
では，RCE-Cebu は学術機関，CSO，地方自治体，特定の政府機関と共同で，フ
ィリピンのセブにおける参加 CSO による SDGs への取り組みに対する試験的な自
発的モニタリングを実施する共同構想を探索し，開始することに合意した．

表 7.1　対話の概要

対話	SDGs テーマ	日付	参加者数
1	From Global to Local, Local to Global：SDGs Presentations in Cebu's Landscape（世界から地域へ，地域から世界へ：セブの状況を踏まえた SDGs 提案）	2019 年 7 月 12 日	19
2	高等教育組織の SDGs 関与	2019 年 8 月 23 日	28
3	水関連の SDGs	2019 年 11 月 22 日	22
4	気候変動対策および防災力強化に関連する SDGs の構想	2019 年 11 月 27 日	20

本章では，セブ CSO は，セブの都市部とその周辺地域に事務局または担当員が駐在する市民社会組織を指し，市民社会組織（CSO）は以下のように定義される.

a. 1998 年，「目標，有権者，テーマに関する社会運動を組織する場所」として，市民社会は，様々な組織を含む幅広い分野で，ある種の共通目的，意思決定能力，擁護，知識を最大限にするためにリソース／アプローチを共有している（FAO Strategy for Partnerships with Civil Society Organizations；国連食糧農業機関の市民社会組織とのパートナーシップ戦略）.

b. CSO は，国家や市場から分離された社会分野の人々によって形成された非国家，非営利，ボランティア団体として，広範囲の関心および結びつきを実現する. CSO には，事業または営利団体を除く地域ベースの組織や非政府組織（NGO）が含まれる（UN Guiding Principles Reporting Framework；国連指導原則報告フレームワーク）.

c. CSO は，地域グループ，非政府組織（NGO），労働組合，先住民群，慈善団体，宗教団体，職能団体，財団など，様々な分野の組織を意味する（World Bank；世界銀行）.

これらの対話では，SDGs への取り組みを共有するために異分野からの参加を促すという当初の目的を維持しながら，「実施された変革活動の調査，学習した内容に基づいた構築，データに基づいた評価およびモニタリングの呼びかけに対する社会的団結と協力を促進する地元ネットワークの作成」を目的とした.

対話 1（カモテス諸島サンフランシスコ，セブ地方自治体，フィリピン統計局第 7 地区，学術機関，メディア，市民社会からの 19 人の参加者）では，様々な分野における SDGs への取り組みに対する自発的モニタリングについての話し合いが行われ，2020 年 3 月に国連に提出する報告書にこの取り組みを記録するための提案を議論した. 対話 2 では，28 人の参加者の前で，高等教育機関（Cebu Technological University, University of San-Jose Recoletos, および Cebu Normal University）が自身の SDGs への取り組みについて説明した. これらの対話において，参加した協力者は，情報共有および 2020 年 3 月の国連に提出のために，話し合いの継続，計画，セブ CSO による「SDGs への取り組みに対する 2019 年の自発的モニタリング報告書」の完成に対する合意に達した.

対話 3 では，セブ CSO を中心に 22 人の参加者が，直接水関連の目標（ゴール 6 - 安全な水とトイレを世界中に，およびゴール 14 - 海の豊かさを守ろう）に焦

点を当てて議論した．対話3の詳細については，後述する．対話4における議論
の中心は，ゴール13-気候変動に具体的な対策を，であった．PLAN（Estela
Vasquez），FORGE（Wilbert Dimol），およびセブの地方自治体であるカモテス
諸島サンフランシスコの市長 Al Arquillano は，災害支援および復興管理
（DRRM）に対する関与について話し合った．USREPS（Chadwick Go Llanos）
は，天然資源採取についての体験を共有した．また，フィリピン統計局第7地区
の Felixberto M. Sato, Jr. は，政府による SDGs の VR（自発的レビュー）およ
び VR の実施に向けた CSO との協力の可能性について報告した．

　これらの対話を通じて，国連の持続可能な開発目標（SDGs）の実装に対する地
域の自発的レビューを実施するために提案された探索的な協力構想が，セブ CSO
の「特定の問題に向けた具体的な対策を提示し，成功，課題，対策を含む経験の
共有を可能にする」ことが明らかになった．また，セブ CSO は 2020 年1月に実
施された調査に参加した．具体的な調査内容は，①SDGs への取り組み内容，②
時期（プロジェクトの実施日），③場所（地域およびプロジェクトの現場），④方
法（プロジェクトの説明），⑤協力者（地域および世界規模のプロジェクト協力
者），⑥対象者（受益者）についてであった．

　最終的に最も重要なことは，現在から 2030 年まで，誰一人として取り残さない
ことを確実にするために，セブ CSO の SDGs への取り組みによって影響が及ぼさ
れた受益者や地域の「顔」と「声」を特定し，年間のモニタリング報告書の中心
に据えることをモニタリング目的としているということである．しかし，
Covid-19 のパンデミックにより，対話，調査および報告書の完成はいったん停止
されることとなった．パンデミックのプロトコル，特に 2020 年3月からセブ市が
強制した完全なロックダウンにより，探索的な自発的モニタリング構想は後回し
となってしまった．RCE-Cebu，政府，企業，CSO の協力者が，パンデミックに
影響を受けた人々の緊急のニーズに即座に対応するために，焦点と優先順位をそ
れぞれ変更したからである．2020 年3月に予定されていた報告書の完成および提
出は遅れてしまうこととなったが，本章では，2019 年の対話および 2020 年1月
の調査で得られたデータや洞察を共有することを試みる．この調査が，セブ CSO
の SDGs 関与の自発的レビューを行う探索的構想の一環として，今後の CSO の
SDGs への取り組みの自発的モニタリングレビューおよび報告に役立つことを期
待している．

7.3 対話からの洞察

対話3では，国際組織（RARE, OCEANA, および Eau de Vie）と地域組織（CUSW および SULONG MANDAUEHANONG KABUS（SUMAKA））の代表者が集まり，それぞれの CSO が実施する水に関する SDGs への取り組みについて討論をかわした．Eau de Vie（WATER & LIFE PHILIPPINES を通じて），SUMAKA, および CUSW は，ゴール6 – 安全な水とトイレを世界中に，について，RARE および OCEANA は，ゴール14 – 海の豊かさを守ろう，について議論した．対話4には，国際的な団体である PLAN をはじめ，地域の CSO（FORGE, USREPS）や政府（カモテス諸島サンフランシスコ地方自治体およびフィリピン統計局第7地区）の代表者も参加した．

以下は，対話3および4に参加した CSO が発表したテーマおよび洞察である．本章では紙面の都合上，対話3の報告データのみを用いて，次のテーマについて議論することとする．

7.3.1 顔および声と共に

対話3と4では，CSO, その他の参加者，特に CSO を通じて，セブ都市圏やセブ県内外の様々な地域や場所で CSO が SDGs に取り組んだことによって影響を受けた個人や団体受益者の顔そしてかれらの声をまとめた．

例えば，Aileen Belen 氏は，自身が所属する CSO（RARE）のゴール6への取り組みについて，世界中にいる CSO の受益者の顔をスライドで見せながら，説明した．前述のとおり，RARE はセブ市に事務局をもつ国際的な団体である．

彼女は，フィリピンのマニラから数時間離れたところにあるルバング島の漁師「ハイメ」と Zoom をつないだ．ハイメは，バンカとよばれる15馬力の小さな船を所有しており，毎日友人のロジャーと海に出る．彼らはおよそ10時間余りを船で過ごし，季節に応じてトビウオやカツオを獲る．1日におよそ4kg から6kg の魚を持ち帰り，バイクで島をまわる行商人に売ったり，ハイメの妻が近所をまわって魚を売ったりしている．

次に，彼女は対話3の参加者に，「ハイメのような190万人の地方自治体登録漁師は，国内でも最大の貧困率を示す産業に属しており（国内平均26％に対し，34

%），彼らは災害や気候変動に対して最も脆弱である」と述べた．

　対話3および4の他の参加CSOも，それぞれのSDGsへの取り組みによって影響を受けた住民，グループ，家庭，受益者などの写真（顔）や情報（声）を発表した．CSOによるSDGsへの取り組みにおける最も重要な対象は，受益者，つまりプロジェクトの現場や区域での支援を必要とする人たちであることは明らかである．

7.3.2　課題をかかえる場所や地域

　対話3および4におけるCSOの発表では，対象となる受益者以外にも，SDGsへの取り組みが行われている地域やプロジェクトの現場などの写真や情報が示された．RAREは，「ハイメのような漁師が生物多様性と交わる地方自治体の水域である」フィリピンの豊かな沿岸域のリソースのスライドを見せた．フィリピンでは，地方自治体管理の水域には，存在する岩礁の80％およびマングローブの100％が含まれている．何百万人もの人々が，食糧および生活のためにこれらの沿岸域に依存している．しかし同時に，生態系の健康状態は，ハイメのような漁師がどのようにして資源を利用するかにかかっている．

　しかしこれらの水域にも問題がある．地方自治体管轄水域は，違法漁業や乱獲，優先度の低さと管理のずさんさ，データ不足などの課題をかかえている．RAREは，フィリピンにある891の沿岸LGU（地方自治体）のうちの47の自治体と協力している．国際的CSOであるOCEANAは，違法漁業および法的規制の欠如に悩まされる最大の海洋保護区であるタニョン海峡や，ベンハム隆起における海底生息地などで活動している．WATER AND LIFEは，フィリピンのマンダウエ，セブ，タナウアン，バタンガ，カヴィテの多数のバランガイで活動している．Cebu Uniting for Sustainable Water（CUSW）は，セブ県内の多くの地域をカバーしており，3つの女性団体，1つのベンダー団体，19の都市部貧困層団体からなる多部門の連合協会であるSUMAKAは，フィリピンのマンダウエ，コンソラシオン，セブに事務局を構えている．USREPSは，セブ県シボンガでの資源採掘反対運動を行っている．PLANインターナショナルは，Moving Urban Poor Communities in the Philippines Toward Resilience（MOVE UP Philippines）（フィリピン都市部の貧困地域の復活に向けての前進）とよばれるプロジェクトに協力する国際的な団体で，マニラ首都圏（マリキナ市およびタギッグ市），ミンダ

ナオのカガヤン・デ・オロ市，ビサヤ地方のセブ市などで活動している．

7.3.3 異なる手法による同じ SDGs への取り組み

同一の SDGs に関与していても，CSO はプロジェクトごとに異なる方法を適用する．

RARE はゴール 14 への取り組みとして，持続可能な沿岸漁業のためのコミュニティによる管理，貯蓄クラブを通じた家計の回復力の構築，ソーシャルマーケティングと行動変革キャンペーン，参加型かつ包括的な気候変動に対する復元力の構築，および意思決定のための強固な科学的な知識を採用している．OCEANA は，ゴール 14 への取り組みとして，直接の提唱，法律，科学，メディア，一般市民を含む 5 つの戦略を紹介し，次のようなゴール 14 の実現に向けた活動を実施した．タニョン海峡での商業漁業の終了，船舶モニタリングの制度化，破壊的な漁具の禁止，イワシの持続可能な漁獲量の確保，ベンハム隆起海底生息地の保護，投棄および埋め立てプロジェクトの停止などである．CUSW はゴール 6 への取り組みとして，セブ全域に持続可能な水源を提供するため統合水資源管理を採用している．Water and Life（W&L Philippines）が代表を務める Eau de Vie は，社会的事業である Tubig Pag-asa を通じて，地域コミュニティに配水のための水栓を設置し，良質な水質の維持を行うことで水の供給を行っている．その際，地域住民は，合意のもとに決定された料金を支払うことで，水の供給と水源の設置および維持を行っている．Water and Life Philippines は，地域とその住民の自己啓発および生活環境の改善のために，ゴール 6 プロジェクトの現場においてコミュニティ強化（地域ミーティングおよび地域構築），消防活動，固形廃棄物管理，個人の衛生および公衆衛生の普及などの活動を行っている．

その一方で SUMAKA は，コンソラシオンのダングラグから移転してきた住民らを組織し，彼ら独自の発案と努力によって，住民に水を供給するための深い井戸を建設するための救済活動を開始した．そして，会員や非会員に株式を売却することによって得られた利益を，水槽用の土地やサービスに使用した．彼らが実施した地域への給水プロジェクトに関するすべての決定は，「総会，審議会，および一般参加」によって行われた．水の使用料の分配は，作業グループに 20%，設備の維持に 30%，株主配当に 50% となっている．2019 年に実施した対話 3 では，SUMAKA は 109 人の消費者を報告した．給水作業グループは，配管工 1 名，保

全員1名，水消費量メーターの読み取り担当員1名，集金人2名，電気技師兼配
管工1名，責任者1名で構成されている．水道料金徴収総額の20%が作業グルー
プへの謝礼として平等に分配される[7]．飲料水用に建設された深井戸の水は安全
ではなかったため，SUMAKA は補水所の開設と運営といった別の水供給関連プ
ロジェクトを開始した．ここでも，会員や非会員に株を売却することにより貯蓄
の動員を行った．彼らは，257世帯に安全な水を供給するために，Bamboo Water
Refilling Station の建設を開始し，2019年10月に運営を開始した．Bamboo
Water Refilling Station は Water System に雇用されている同じ作業グループによ
って運営されている．

　月曜日から日曜日まで1名の事務員が勤務し，作業グループは毎日の販売を担
当している．会員は，補水所で生活を立てることを奨励されており，買った水を
他の会員に低価格で売る人もいる．SUMAKA は，きれいな水供給への関与を通
じて，給水および補水所からの配当，生活および雇用を供給している．

7.3.4　地域および国際的協力者の集中

　RARE は，海外の本部や協力者とともに，「自分たちだけでは実践しない．我々
がそこにいなくても作業は続いていくように LGU と地域の指導者と共に働く.」
と述べている．OCEANA は，地方自治体や水産局，科学技術省，海軍，テクニ
カルダイバーなどの政府機関を協力者として挙げている．PLAN International と
Eau de Vie（Water for Life Philippines）は，SDGs への取り組みにおいて，世
界規模および地域の多分門からの協力者を挙げている．CUSW，USREPS および
FORGE は，SDGs への取り組みを通じて，地元の協力者との共働を行っている．

7.3.5　SDGs への取り組みに関する有望な成果と課題

　RARE は，漁業禁止地区内外で魚のバイオマスが増加するなど，彼らのアプロ
ーチが有効であることを示す初期の兆候があることを報告した．

　　私たちが約7年間活動してきた地域では，知識，態度，および対人コミュニケー
　　ションの改善といった社会的変化によってもたらされたと思われる増加率が，禁漁
　　区内では390%にもなった．また，使用した指標項目の80%において，大幅な改善
　　が見られた．住民は将来に対する希望を見出し，相互の信頼感の増加，幸福感の向
　　上に伴い，経営に対して積極的な参加をするようになった．

OCEANA は，様々な活動のマイルストーンを以下のように報告している．タニョン海峡では，施行計画を含む承認済みの一般管理計画の実施，組織を超えた海上輸送パトロール，施行訓練，第 7 地区の沿岸法執行機関との連携，意思決定者および利害関係者との協力，科学と法による支配の推進，2018 年 12 月までのタニョン海峡における商業漁業の終了，タニョン海峡におけるパトロールの増加などである．ベンハム隆起海底生息地では，パートナーシップやビデオ作成がマイルストーンとなった．水産 CSO のネットワークを活用して，OCEANA は，官民による健全な海洋生態系の展開と強化を目指している．

WATER & LIFE と SUMAKA は，それぞれのプロジェクト拠点での成果を励みに，今後のプロジェクト拠点やプロジェクト規模の拡大を計画している．SUMAKA はきれいな水供給活動について，住民らの自発的な努力によって，給水および補水所から配当をはじめ，生活や雇用が提供されることを高く評価し，住民やコミュニティへの希望に満ちた以下のようなメッセージを発信した．

> すべてのことは可能です．小さなことからはじめてみましょう．それはいずれ大きなことになります．神はいつでも中心にいてくださいます．邪魔が入ったり，引きずりおろそうとする人々がいても，最終的な結果に集中してください．そして常に透明性を保ち，説明責任を果たすことができるようにしておくことが大事です．

7.4　セブ CSO および SDGs への関与に関する 2020 年調査の概要

RCE-Cebu は，以下の事項を確認するための調査を実施した．①セブの CSO が実施する取り組みの詳細，②取り組んでいる SDGs の詳細，③場所（活動している場所），④時期（活動の期間），⑤方法（活動の方法），⑥協力者（SDGs 活動の地域的／国際的な協力者），そして最も重要な事項として，⑦活動の対象者（SDGs 活動の対象となる個人，グループ，コミュニティの受益者）．2020 年 1 月に，オンラインまたは印刷版の質問表の配布によるアンケート調査を実施したところ，27 の CSO から回答を得ることができた．しかし，5 つの CSO は大部分の質問に回答しなかったため，次のセクションでは 22 の CSO からの調査データを報告する．調査結果の概要は以下のとおりである．

7.4.1 複数のゴールへの取り組みのための複数の実践者

以下は，2020年1月に実施したSDGsへの取り組みに関する調査に協力したセブのCSO，22団体である（コードはアルファベット順に配列した）．

A）A2D Project – RESEARCH GROUP FOR ALTERNATIVES TO DEVELOPMENT INC，B）ASAS Center for Resiliency Incorporated，C）Basic Ecclecial Community，D）CCEF（Coastal Conservation and Education Foundation, Inc.，E）Cebu Archdiocesan Commission on Environmental Concerns，F）Central Visayas Farmers Development Center（Fardec），G）Communities for Alternative Food EcoSystems Initiative，H）Community Empowerment Resource Network Inc.，I）Estenzo Group/Live Clean Project，J）Feed the Children，K）Justice, Peace & Integrity of Creation，L）Kasama Reflexo-therapy，M）LEGAL ALTERNATIVES FOR WOMEN CENTER,INC.，N）Murang Kuryente，O）Philippine Movement for Climate Justice，P）Philippine Outrigger Canoe Club，Q）Rare，R）Roman Catholic Archbishop of Cebu – Relief and Rehabilitation Unit，S）Sectoral Transparency Alliance on Natural Resource Governance in Cebu，T）SULONG MANDAUEHANONG KABUS – ASSOCIATION OF STO. NINO HOMEOWNERS, INC.，U）Unifying Sectoral Responses on Environmental Protocols in Sibonga（USREPS），および V）Urban Poor Alliance – Cebu.

以下の表7.2は，これらの参加CSOのSDGsへの取り組みを示したものである．17項目のSDGsすべてがCSOによって推進されており，ゴール13には17のCSO，ゴール1には10のCSO，ゴール2，3，および11には9つのCSOが関与していることがわかる．ゴール9はCSOの参加数が最も少ない．

表7.3は，取り組んでいるSDGsの数別にCSOの数を示したものである．5つのCSOは1つのみのゴールに取り組んでおり，他の15団体は，2から11のゴールに，2つのCSOは12のゴールに取り組んでいる．これら2つのCSOとは，（G）Communities for Alternative Food EcoSystems Initiativeおよび（O）Philippine Movement for Climate Justiceである．

7.4.2 セブ内外におけるSDGsへの取り組み

11のCSOはセブ市内に事務所を構えているが，7つのCSOは他の都市（ラプラプ，マンダウエ），セブ県内の自治体（コンソラシオン，カトモン，サンレミジオ，カモテス／カルカル），そして2つのCSOがセブ県全体に事務所の住所を記載している（図7.1）．1つのCSOはメインオフィスをケソン市に登録しており，

表7.2　SDGs に取り組んでいる参加 CSO のリスト（アルファベット順）
RCE–Cebu CSO による SDGs への取り組みに関する調査，（2020 年 1 月実施）

CSO	SDGs ゴール																
	1	2	3	4	5	6	7	8	9	10	11	12	13	14	15	16	17
A	✓				✓					✓	✓		✓				
B	✓	✓	✓		✓	✓		✓			✓	✓	✓				
C	✓	✓	✓	✓	✓			✓		✓	✓		✓			✓	✓
D		✓	✓	✓									✓		✓		
E															✓		
F	✓	✓			✓					✓			✓	✓	✓		
G	✓	✓	✓				✓	✓	✓	✓	✓	✓	✓		✓		✓
H								✓		✓			✓				
I	✓		✓								✓					✓	
J		✓	✓	✓		✓	✓						✓				
K	✓	✓		✓									✓	✓			
L			✓														
M	✓				✓								✓			✓	
N							✓						✓				
O						✓	✓	✓	✓	✓	✓	✓	✓	✓	✓	✓	✓
P			✓			✓					✓		✓	✓			
Q		✓												✓			
R								✓									
S													✓				
T	✓	✓	✓		✓	✓					✓		✓				
U													✓				
V	✓									✓			✓				✓
Total	10	9	9	4	7	5	3	6	2	6	9	3	17	5	5	4	4

表7.3　CSO の数と SDGs 関与の数

CSO 数	SDGs 関与数
5	1
2	2
1	3
3	4
4	5
1	6
2	7
1	9
1	11
2	12

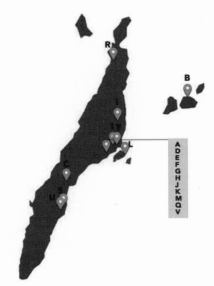

図 7.1 フィリピン，セブ島の CSO 事務局の場所

もう 1 つの CSO は住所を記載しなかった．プロジェクトの活動拠点については，
C セブや他県で SDGs に取り組んでいる CSO が 5 つ，全国規模で取り組んでいる
CSO が 1 つ，セブ市内の自治体で活動している CSO が 14 あった（図 7.2）．な
お，2 つの CSO は活動拠点を指定しなかった．

7.4.3 複数のプロジェクト，時期，協力者

2015 年以前に開始したプロジェクトは 4 件で，そのうち 2 件は 2020 年現在で
も継続中である．2016 年および 2017 年は 2 件，2018 年は 4 件，2018 年は 4 件，
2020 年は 1 件のプロジェクトがそれぞれ開始された．2020 年にも継続中のプロジ
ェクトは 8 件で，2021 年には 4 件が，2022 年には 1 件が終了予定である．

上記の対話 3 および対話 4 に参加した CSO の報告によると，調査では 12 の
CSO が地元協力者をもち，8 つの CSO が国際的な協力者をもっているという．2
つの CSO からは回答がなかった．回答にあった地元の協力者には，コミュニテ
ィ，LGU，地域の水道局，PNP（フィリピン国家警察），PO，財団，CSO，学
会，宗教組織，地方行政区，学校，NGO，民間組織が含まれる．セブの CSO6 団
体が挙げた国際的なパートナーには，Crossroads Foundation, Bread for the

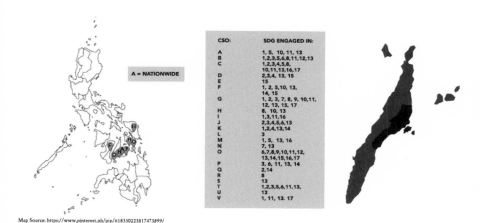

Map Source: https://www.pinterest.ph/pin/618330223817473899/

図 7.2　全国，地域，セブ外の県，セブの都市および地方自治体内における CSO による SDG への取り組みおよび活動拠点

World-Protestant Development Service of Germany（BftW-PDS），Camilian Disaster Service International（CADIS），Taiwan Foundation for Democracy，Enfants de Mekong，Global Seed Savers，Slow Food International，MISERIOR/KZE，OCEANA，Caritas International，Publish What You Pay，UNDEF が含まれる．

7.4.4　人々，コミュニティ，資源に関する課題への対策としてのプロジェクト

　14 のセブ CSO がそれぞれのプロジェクトに関する情報を共有した．2 件から 4 件のプロジェクトをかかえている CSO は 7 つ，7 件から 9 件のプロジェクトをかかえているのは 2 つ，9 件のプロジェクトをかかえているのは 1 つであり，6 つの CSO はプロジェクトを報告しなかった．表 7.4 は，14 の CSO によって報告された様々なプロジェクトの一覧である．対話 3 および 4 で発表された CSO の語りと同様に，プロジェクトは人々やコミュニティのニーズに応えるものであった．例えば，災害や天然資源搾掘の影響を受けている人々，災害時に人身売買の危険にさらされている子どもたち，暴力から保護されない女性たち，健康問題をかかえている人々，不安定な生活を強いられている農民や漁師，避難場所や土地，清潔で安定した水資源を必要としている都市部の貧困層，そして脅威にさらされているコミュニティや農場，資源などである．

表7.4 セブ CSO およびプロジェクト

組織		プロジェクト／プログラムおよび説明
コード	名前	
A	A2D PROJECT	1. ENABLED PROJECT：Purok System を使用して障害の視点を災害管理プログラムに組み込む. Purok システムは，国際的に知られる災害リスク削減に対する一般，地域全体参加型手法である. 2. WOMENACT4DRM/CCA-能力構築および一般参加型知識生産を通じて，危険な状態にある指定沿岸地域の復興力の構築に向けて一般参加型のジェンダーの視点に立った予算編成を促進する. 3. Danajon Communities WATCH：地域に権限を与え，LGU および政府組織との協力を強化することで人身売買防止を実践する. 人権は，防災準備，危険削減，災害時の安全でない移民および人身売買の防止に統合することができる. 4. S3CDRRM：子供や青年たちを地域の DRR（減災）プロセスのリスクコミュニケーターおよび積極的な参加者として動員する. 5. Project MAPA：LGU に技術支援を提供し，3D HVC マップ，緊急時対応策およびトレーニング，関連する本人拒否率情報のより効率的，効果的な収集，統合のためのコンピュータ数値制御加工，オープンデータキット（ODK）の収集，GPS の最適化，DRR への地域一丸となったアプローチを適用する. 6. 協力地域のための災害リスク削減トレーニング：3日間のトレーニングを通じて，フィリピンの指定協力地域の現在の防災準備体制および復元力を強化する.
D	CCEF（Coastal Conservation and Education Foundation, Inc.）	1. マングローブの再生 2. サンゴ礁の再建 3. 赤十字/PCKA/CLE 4. フィリピンの岩礁の保護
E	Cebu Archdiocesan Commission on Environmental Concerns	Cebu Archdiocesan Tree Growing Initiative（セブ大司教区樹林イニシアティブ）
F	Central Visayas Farmers Development Center（Fardec）	プロジェクト1：気候変動に対応できる持続可能な農業を通じた小規模農家の収入増加および土地所有権の防衛. 説明：セブ，ボホール，東ネグロスの地域農業従事者協会をサポートする持続可能な農業の技術者およびトレイナー，組織的開発，政策による権利擁護に法的権利を与える. プロジェクト2：ボホールの農家への災害および気候変動に対する対策能力の改善. 説明：ボホールの11のバランガイの災害リスク削減，持続可能な農業，および地域健康管理を実行する.
G	Communities for Alternative Food EcoSystems Initiative	1. 気候変動緊急対応 2. セブ農家市場 3. 地域のエディブルガーデン 4. 種子保存 5. 食糧生態系開発 6. 農業従事者の開発

表7.4 （続き）

		7. 市場開発 8. 農場から食卓への体験 9. 活動：#gmofreecebu および #WayPlastikayCebu
H	Community Empowerment Resource Network Inc.	プロジェクト1：小規模プロジェクト基金（小規模基金の収入補助金の付与） プロジェクト2：PC 容量構築（人民組織のためのプロジェクトの生成） プロジェクト3：特別支援サービス プロジェクト4：28 の農業従事者，都市貧困層／漁師のための人民組織のための擁護（気候変動および人権）
I	Estenzo Group	ライブクリーンプロジェクト
L	KASAMA Inc.	リフレクソロジー
M	LEGAL ALTERNATIVES FOR WOMEN CENTER,iNC.	セブにおける暴力に対する女性の保護強化，法的支援および心理社会的サービスの提供
N	Murang Kuryente	手ごろな価格のクリーンエネルギー
P	Philippine Outrigger Canoe Club	1. Balik-Bugsay ＝漁師の代替生活としてのパドルツアー 2. 地域保全／海洋 3. 文化＝パドルおよびセーリングの文化の促進
R	Roman Catholic Archbishop of Cebu-Relief and Rehabilitation Unit	SMILE：Small Manageable Initiatives for Life long Endeavors（終身努力の小規模な管理可能なイニシアティブ）を通じた促進および活性化により，変革および地域のメンバーの権限付与の触媒を促進する．
S	Sectoral Transparency Alliance on Natural Resource Governance in Cebu	1. フィリピンの地方自治体レベルでの鉱物管理の地域参加の組織化． 2. データ開示および解析のための地域の複数利害関係者フォーラムまたは委員会． 3. 天然資源管理に対する PH-EITI の地域ベースのトレーニング．
T	SULONG MANDAUEHANONG KABUS-ASSOCIATION OF STO. NINO HOMEOWNERS, INC.	1. 給水システムプロジェクト 2. 補水局
U	Unifying Sectoral Responses on Environmental Protocols in Sibonga（USREPS）	PAHRA（フィリピン人権擁護団体）on Human Rights and Good Governance. 地域決定の開発優先順位に対応するよう，地域による LGU への働きかけを支援する．
V	Urban Poor Alliance-Cebu	1. 住宅および土地所有，生活，基本的サービスなどの共通課題に対する都市部の貧困層の協力機構の構築． 2. 都市部の貧困グループはより大きなグループに依存しているため，抑圧されたり，踏みにじられたりしていると感じた時に，問題を提起するプラットフォームとして機能． 3. 気候変動，人権，および他の緊急懸案事項など直面している課題に対する継続的な学習の場を提供． 4. メンバーに伝達する事実に基づいた情報に対する懸案事項および課題のために組織を招待するプラットフォームとして機能．

7.4.5 SDGs および受益者

「パートナーシップを通じてより平和で繁栄する地球を」という言葉は，セブの
CSO が SDGs に取り組んでいる理由を的確に表している（表7.5）.

　彼らの報告によると，プロジェクトの受益者は，資源や環境（岩礁から山の背
まで），そして特に，個人，グループ，協会，農業従事者組織，都市部貧困層組
織，人民組織，農業従事者，漁民，暴力や災害の女性被害者，消費者，投資家，
都市部貧困層，コミュニティ，地方自治体，県，地方政府単位，地方議員，子供，
障害者など多岐にわたる．また，データからは，個人，グループ，人々，コミュ
ニティ，地方自治体，県，全国，異部門（政府，市民社会，民間），国家，世界全
体でパートナーシップが構築されていることも確認できる．様々な場所での CSO
による SDGs への取り組みの受益者数は，フィリピン全土で数千人にも上り，現
在から 2030 年までの間に，SDGs が目標とする数百万人に迫るだろう．今後の課
題は，これら数百万人の受益者をどのようにして前面に押し出し，政府，市民社
会，民間部門の自発的なモニタリングレビューの中心に据えるかであり，今後は
これらを調整し，統合する必要がある．

表7.5 CSO および受益者

組織		受益者の数およびプロファイル
コード	名前	
A	A2D Project-Research Group for Alternatives to Development, inc.	トレーニングを受けた 10,035 人.
F	Central Visayas Farmers Development Center（Fardec）	20 の地方自治体協会，206 のバランガイ組織.
G	Communities for Alternative Food EcoSystems Initiative	12 人の小自作農のグループ，それぞれには 15 人から 20 人のメンバーが含まれる.
H	Community Empowerment Resource Network Inc.	28 の人民組織（ほとんどは農業従事者，都市貧困層／漁師…）.
K	Justice, Peace & Integrity of Creation	ボゴ湾の小規模漁師.
M	LEGAL ALTERNATIVES FOR WOMEN CENTER, iNC.	1,100 の暴力被害女性.
S	Sectoral Transparency Alliance on Natural Resource Governance in Cebu	最低 7 つの地域および 2 LGU.
T	SULONG MANDAUEHANONG KABUS-ASSOCIATION OF STO. NINO HOMEOWNERS, INC.	プロジェクトの実現を支援する 112 人の消費者および 120 人の投資家.
U	Unifying Sectoral Responses on Environmental Protocols in Sibonga（USREPS）	25 のバランガイからの 1000 人ほどの地域指導者および地域議員（地方自治体およびバランガイ）.
V	Urban Poor Alliance-Cebu	120 人の都市貧困組織.

7.5　議論：2030 年に向けて共に進んでいくために

　3 人の会話からはじまった探索的な取り組みは，100 人近くの対話となった．セブの CSO が SDGs への取り組みに関する自発的なモニタリングを実現するまでの道のりには，様々な声を統合し，国連 2030 社会アジェンダの実施，モニタリング，およびレビューに対する CSO の貢献についての暫定的なナラティブを要した．

　セブ CSO は制約をかかえていることはこれまでも指摘されている（数千もの CSO の中で 100 以下）[3]．本章で述べてきた 4 回の対話や，多くの参加 CSO の協力によって得られた対話や調査のデータとその結果によって，この最初の探索的報告書を共有することができた．2030 年までに誰一人取り残さないためには，対話，モニタリング報告書における人々・受益者・地域の優先順位付け，人々が望む世界の実現に積極的にかかわる利害関係者の語りに加えて，CSO の役割と貢献の語りを論じることも重要である．

　要約すると，この最初の報告書は，参加しているセブの CSO が取り組んでいる SDGs の内容，場所，時期，方法，協力者，受益者に関する対話および調査からの抜粋である．参加したセブの CSO は，それぞれの発表を通じて，特定地域に住む様々な種類の人々，コミュニティ，資源のニーズや問題を共有し，SDGs への取り組みを通じて，未到達の目標は残っているが，課題が達成されてマイルストーンとなったことを共有した．

　この対話では，例えば貧困層（しばしば耳を傾けられない人たち），サービスの提供者，特に人々自身やコミュニティ，そして政府や民間部門の人々とのパートナーシップなど，様々な声を集めるプラットフォームを提供した．より多くの声を集め，2030 年までに人々が望む世界[4]で暮らせるようにするために，関係する人々が共に参加する共創（コンサート）を可能にするためにも，今後もより多くの対話が奨励されるべきである．

　この探索的な取り組みにより，対話がいかに情報，問題，解決策の共有と意見交換を可能にし，今日の世界を我々が望む将来にするよう，すべての人が共に前進するためのより多くのオプションを可能とする方法を記録した[5]．CSO の対話とナラティブによって，私たちが望む未来への道が，一緒に進むすべての人にとって，より容易で，アクセスしやすく，達成可能なものになることを願ってやま

ない．対話では特に，特定の地域に実在する人々，組織，コミュニティに焦点を
当て，ナラティブによって情報提供者としての CSO の貴重な役割を紹介した．

　世界規模でも，特定の国家やテーマにおいても，SDGs の進捗状況をより包括的
で確信的に評価し，各アクターが単独で行動しているのではないと（再）認識する
ことで，この世界規模のパートナーシップにおける相互の連帯と信頼を強化した[6]．

　この最初の報告書で紹介した対話では，コミュニティに住む人々を開発構想の
中心に据えた．調査結果も，受益者，CSO，他の利害関係者や協力者，および
SDGs に関わる特定の地理的な場所を特定することを目的としていた．国連によ
る 2030 アジェンダの進捗状況に関する報告書やレビューの中心に，統計ではなく
実際に特定された「人」を据えるということが，セブの CSO が SDGs への取り組
みの自発的なモニタリングするという，探索的で協力的な取り組みの最も重要な
目的であった．国連による 2030 アジェンダ目標の進捗状況に関する今後のレビュ
ーや報告書では，SDGs を推進する特定のグループや組織が国内外のパートナー
と協力して手を差し伸べた実在する個人やグループ（特に最も排除された人々，
年齢，性別，所得，特定のコミュニティや場所，その他の重要な特徴などの観点
から集計された人々）が誰なのかに焦点を当てるべきである．それにより，すべ
ての個人，グループ，コミュニティが追跡可能となり，利益を受けた者と受けな
かった者が明確に特定され，現在から 2030 年まで，誰一人として取り残されない
ことがないようにすることができるのである．

　また，過去にも以下のように同じようなメッセージを発した人もいる．「社会を
変革し，回復力を高め，紛争を緩和し，持続可能な開発を達成するためのあらゆ
る努力の開始から終了まで，人々とコミュニティが主要な推進力となるべきであ
る」[4]．「最も貧しいコミュニティの声に耳を傾け，支援することで，ますます予
測不可能となる未来に備えることができる」[7]．今後，SDGs の進捗状況に関する
すべての報告書やレビューは，特定のコミュニティや場所の実在する，特定の個
人に焦点を当てるべきである．

　数十年，数百年にわたって開発に取り組んできた経験があるにもかかわらず，
現在の世界は我々が望む世界ではなく，何百万人もの人々が取り残され，身元も
わからず顔が見えず，声も聞こえず，だれも耳を貸さず，排除され，目に見えな
い存在となっている．貧しい人々や排除された人々は，ほとんどの場合，統計上
でしか知られていない．これまでの報告書やレビューでは，貧困層の人々は，特

定のコミュニティや場所での実際の顔を確認することができなかった．何年にもわたって開発が進められてきたなかで，取り残されてきた人々は誰なのか，あるいは誰だったのか．それぞれのコミュニティ，そして国全体，世界全体において，特定の場所で顔の見えない人，声の聞こえない人，耳を傾けられない人，排除されている人が誰なのか．より切実な問題としては，2016 年以降の SDGs の追求において，誰が利益を受け，誰が取り残されたかを我々は十分に理解しているのかということである．

CSO は，自分たちが活動している地域に実在し，特定された人々を知っている．また彼らは，長年にわたって誰の生活が改善されたのか，あるいはされなかったのかを知っている．CSO は，他のセクター，特に政府と協力して，2030 年までに皆が手に入れたい，住みたいと思う世界の恩恵をすべての人が享受できるように，長期にわたり緊密にモニタリングすることができる地域住民の完全なリストを作成することができる．先述の『A MILLION Voices（2013）』[4] で示唆されているように，改善され，統合されたデータ収集が必要であり，データの改革が求められている．これからのレビューや報告書は，統計だけではなく，どれだけの人たちが貧困や飢餓から抜け出したのか，あるいは何年，何十年経っても貧困や飢餓から抜け出せないでいるのか，といった人々に関するものでなければならない．

これこそが，皮肉にも人々の生活を向上することを目的としながら，特定のコミュニティで生活の改善を真に必要としている人々が誰なのかを見極めることができなかった，すべての開発努力における決定的なミッシングリンクであるのかもしれない．

CSO は，コミュニティの中で人々と共にある．CSO は毎年，生活が向上した人，しなかった人を特定することできる．CSO はまた，SDGs の実施プロセスが効果的であるか，あるいは不足している分野を強調することができる[8]．繰り返しになるが，CSO は，我々が望む世界や未来への道のりから取り残されてしまった人々やコミュニティを特定し，追跡することができる．CSO は，政府や民間分野と協力して，自発的な国家レビューを実施し，SDGs の実施によって恩恵を受けている人やコミュニティを毎年定期的にモニタリングすることができる．SDGs の進捗状況のモニタリング，レビュー，報告は，2030 年までにすべての人々を故郷に，そして我々が望む世界に導くために，政府，民間部門，市民社会とのパートナーシップを通して，毎年実施されるべきである．

　また，国際社会は，2030 アジェンダを評価する際の焦点を，統計から実在する人々に移行する必要がある．国際的，地域的な支援は，2030 年まで毎年，誰も，どのコミュニティも取り残すことのないように，SDGs の取り組みによってすべての人々やコミュニティに手が届いているかを確認し，検証する必要がある．家族やコミュニティには，貧困，困窮，その他のニーズから前進したかどうかを検証するモニタリングや報告に参加する権限が与えられる必要がある．

　2013 年には，何百万もの人が 2020 年，未来に望ましい世界を明らかに思い描いていた．2030 年までに，人々が故郷に帰り，何百万人もの人々が，平和で繁栄する中で，社会的地位を得て，私たち全員が望む世界と地球のためにパートナーシップを築くことができれば，素晴らしいことではないだろうか？

■注と参考文献

1) United Nations University, Institute for the Advanced Study of Sustainability, 2021, *Roadmap for the RCE Community 2021-2030.*
   https://www.rcenetwork.org/portal/sites/default/files/RCE_Roadmap_Web_FINAL.pdf
2) United Nations, Department of Economic and Social Affairs, Statistics Division, n.d., *SDG Indicators Global indicator framework for the Sustainable Development Goals and targets of the 2030 Agenda for Sustainable Development.*
   https://unstats.un.org/SDGs/indicators/indicators-list
3) Motoko Shuto, Maria Rosario Piquero-Ballescas, Benjamin San Jose, 2008, *The Civil Society Project: a Philippine report, Monograph series, Special research project on civil society, the state and culture in comparative perspective* (University of Tsukuba).
4) United Nations Development Group, 2013, *A Million Voices: The World We Want. A Sustainable Future with Dignity for All.*
   https://www.undp.org/content/dam/undp/library/MDG/english/UNDG_A-Million-Voices.pdf
5) United Nations, 2020, UN75: *The Future We Want, The UN We Need.*
   https://www.un.org/sites/un2.un.org/files/un75report_september_final_english.pdf
6) Graham Long, 2019, *How should civil society stakeholders report their contribution to the implementation of the 2030 Agenda for Sustainable Development?*
   https://sustainabledevelopment.un.org/content/documents/18445CSOreporting_paper_revisions_4May.pdf
7) Emily Benson, 2013, *'Post-2015' international development goals: Who wants what and why.*
   https://pubs.iied.org/sites/default/files/pdfs/migrate/17162IIED.pdf
8) Coalition on Civil Society Resource Mobilisation, 2012, *Critical Perspectives Sustainability of the on South African Civil Society Sector: Including an assessment of the National Lotteries Board* (NLB) *and the National Development Agency* (NDA), Jacana Media, Auckland Park, South Africa.
   http://www.ngopulse.org/sites/default/files/coalition_report.pdf

8. 夫妻の家事・育児時間の割合
―性役割態度とワーク・ライフ・バランス―

伊藤大将

8.1 は じ め に

Millennium Development Goals（MDGs）と比較して Sustainable Development Goals（SDGs）がすぐれている点の一つにモニタリングシステムがある．各国が SDGs をどの程度達成できているかを指標として示し，重点的に取り組まなければならない課題を毎年出版される報告書で明らかにしている．2020 年 6 月に掲載された持続可能な開発レポート[1] によると日本の SDGs 達成度は参加国中 17 位であり，「大きな課題が残っている（major challenges remain）」とされるゴールは，⑤ジェンダー，⑬気候変動，⑭海洋資源，⑮陸上資源，⑰実施手段の 5 つである．そのうち，2017 年から毎年「大きな課題が残っている」という評価を受けている課題は，⑤ジェンダー，⑬気候変動，⑰実施手段の 3 つである．このように「ジェンダー平等を実現しよう」という目標は，日本における大きな課題となっている．

さらに具体的に，ジェンダー平等を実現するために，どの側面が不十分かを見ると，女性の国会議員の割合，男女間の賃金格差，男女間の無償労働時間の格差が特に課題としてあげられている[1]．3 つ目の無償労働時間は，子どもの世話，料理，掃除といった家事・育児時間を示しており，日本は男女間の差が大きい．過去 20 年間，女性の家事・育児・介護時間は 1 日約 3 時間半で変化はなく，男性は 24 分から 44 分に微増しているのみである[2]．6 歳未満の子供をもつ共働き世帯に限ってみても，妻の家事・育児・介護時間は 2006 年の 337 分／1 日から 2016 年の 370 分／1 日，夫の家事・育児・介護時間は 59 分から 84 分と男女間の差は縮

まっていない.

　男女共同参画社会基本法が 1999 年に施行されてから 20 年以上経つが，男女間の無償労働時間の格差が縮まらないのはなぜだろうか.

　本章では，夫妻にとっての第一子が 1 歳から 3 歳になる夫と妻の両方から回収したアンケートを，性役割態度とワーク・ライフ・バランスがどのように家事・育児時間の割合と関連しているかに焦点を当てて分析し，その結果を報告する.

8.2 調査・分析方法

　2020 年 12 月から 2021 年 2 月にかけて，妊娠・出産・マタニティ情報サイトを通して回答者を募集した. 調査対象者としての条件は，1 歳から 3 歳の子どもをもつ夫妻で，夫妻の双方にとって第一子であることである. 参加希望者には，子どもの生年月日，何人目の子どもであるか，オンラインアンケートを送付するための夫妻それぞれのメールアドレス，なりすましを防ぐために電話番号と住所を応募フォームに記入することを求めた. サイト会員のほとんどは女性であり，応募者全員が妻であった. 夫妻の双方が回答することに同意したカップル 349 組から応募があり，夫妻双方にとって第一子ではない等，調査対象者に該当しない夫妻を除いた 286 組にアンケートへのリンクを送付した. リンクにはカップルであることと夫妻であることを識別するコードが含まれている. アンケートは夫と妻，別々のメールアドレスに送られ，回答するにあたり，お互いに相談しないことを依頼した. 同じ人が複数回アンケートを開始したものも含め，411 件のアンケートが開始された. 夫妻の片方が未回答であるもの，アンケートを途中でやめているものを除くと 152 組（304 件）になった. アンケートには，質問をきちんと読んでいるか確かめる質問がマトリックス形式の質問項目の一つとして入っており，「本質問は，設問を読んで回答しているかをチェックするものです. 読んでいたら『あまり当てはまらない』を選んでください」と記述されている. この質問に誤った回答があった 8 組，回答者から連絡があり夫妻双方にとって第一子ではなかった 1 組を削除し，143 組（286 件）が分析対象となった. アンケート回答者には夫妻それぞれに謝礼として 500 円分のギフトカードを送付した.

　アンケートには，約 260 問の質問があり，質問項目は多岐にわたっている. 例えば，家事・育児時間，頻度，割合，性役割態度，ワーク・ライフ・バランス，

夫婦関係満足度，メンタルヘルス，親としての自信，育児等がある．性役割態度[3]
は，15 の質問項目から成り立っており，質問には「女性は，家事や育児をしなけ
ればならないから，フルタイムで働くよりパートタイムで働いたほうがよい」「男
の子は男らしく，女の子は女らしく育てることが非常に大切である」といった質
問が含まれる．ワーク・ライフ・バランスは，6 つの側面を 26 問の質問でとらえ
ている．6 つの側面とは，①仕事が家庭生活に入り込んでいるか，②家庭生活が
仕事に入り込んでいるか[4]，③仕事が家庭生活を豊かにしているか，④家庭生活
が仕事を豊かにしているか[5]，⑤仕事がそれ以外のことにより阻害されているか，
⑥仕事がそれ以外のことを阻害しているか[6] である．

　分析は統計ソフト SPSS Statistics 25 を用いて行った．本章では難しい統計を
用いて分析するのではなく，記述統計と度数分布の比較（カイ二乗検定[7]）を用
いて夫と妻の性役割態度とワーク・ライフ・バランスに対する意識の差を明らか
にする．加えて，性役割態度とワーク・ライフ・バランスが夫妻間の家事・育児
時間の割合とどのように関連しているかを分析する．

8.3　家 事 の 割 合

　アンケートでは，「あなたは，家事・育児の何パーセントをしていると思います
か」「あなたのパートナーは，家事・育児の何パーセントをしていると思います
か」という二つの質問を聞いている．夫妻それぞれの回答を表 8.1 に示した．夫
が回答した夫自身の家事・育児時間は最低が 0％，最高が 80％，平均が 29.3％だ
った．一方，妻が回答した夫の家事・育児時間は，最低が 0％，最高が 80％，平
均が 26.0％だった．夫と妻の回答に大きな差は見られなかった[8]．妻が回答した
妻自身の家事・育児時間については，最低は 40％，最高は 100％で，平均は 77.4
％だった．夫が回答した妻の家事・育児時間は，最低が 10％，最高が 100％，平

表 8.1　夫妻の回答別の夫・妻の家事・育児時間の割合の平均値

	夫の家事・育児時間	妻の家事・育児時間
夫の回答	29.3％	73.4％
妻の回答	26.0％	77.4％

＊回答者数は，夫＝141 人，妻・左＝143 人；右＝141 人．「わから
ない」との回答ははずしており，それぞれで回答者数が異なる．

均が73.4%とこちらも夫と妻の回答に大きな差は見られなかった[8]. 7割から8割の家事・育児を妻がしているようである.

本調査では, 夫妻の双方からデータを得ている. 夫と妻の家事・育児時間の回答にどの程度の差があるかを確かめるため, 夫の回答から妻の回答を引いて差を計算した. 差が大きいことは, 夫・妻のどちらかが家事・育児を自分はしていると思っているのに対し, そのパートナーはしていないと思っているということを意味する.

夫の家事・育児時間に関しては, 夫と妻の回答がほぼ同じ（差が−10から10）夫妻が3分の2いた. 夫が自身の家事・育児時間を多く見積もっている夫妻は約21%, 妻が夫の家事・育児時間を多く見積もっている夫妻は約13%だった. 妻の家事・育児時間に関しては, 夫と妻の回答がほぼ同じ夫妻は約70%, 妻が自身の家事・育児時間を多く見積もっている夫妻は約18%, 夫が妻の家事・育児時間を多く見積もっている夫妻は約12%だった. この結果を見ると, 大多数の夫妻で, 誰がどれだけ家事を担っているのか, 合意形成ができていると考えられる.

8.4 性 役 割 態 度

伝統的な性役割態度について夫と妻の傾向を分析すると, 夫のほうが妻よりも男・女はこうあるべきという考え方は強いが, その差は統計で支持されるものではなかった. 性役割態度に関する質問は15問あり, それぞれに「そう思わない」から「非常にそう思う」の5段階で聞いているが, それに0点（そう思わない）から4点（非常にそう思う）までの点数を付けた. 数値が高いほうが伝統的な性役割態度が強いことを示しており, 点数は0点から60点までの範囲である. 夫の平均点は20.0に対し, 妻の平均点は17.6で大きな差はなかった.

次に個々の質問で夫と妻の回答の分布が統計的に異なると示されたものを見ていこう. 15項目のうち5項目で, 差があるという結果が得られた. 差が出た質問項目を図8.1に示した. 「男の子は男らしく, 女の子は女らしく育てることが非常に大切である」については, 夫の約56%が反対しているが（「そう思わない」と「あまりそう思わない」の合計）, 妻は約7割が反対している. 「結婚生活の重要事項は夫が決めるべきである」という項目に対しても, 妻は約8割が反対しているのに対し, 反対する夫は約3分の2と差があった. 「結婚後, 妻は必ずしも夫の姓

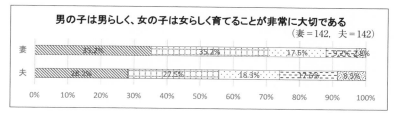

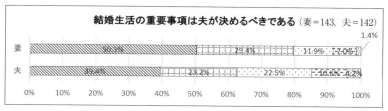

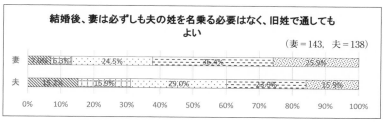

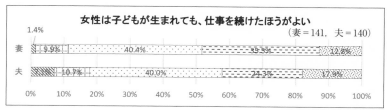

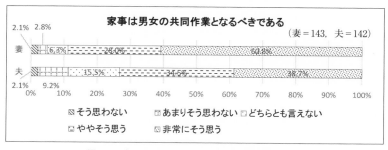

図8.1 夫と妻の間で差があった性役割態度の項目
「わからない」とした人をはずしており，それぞれで回答者数が異なる．

を名乗る必要はなく，旧姓で通してもよい」に関しては，妻の6割強が，夫の4割弱が賛成（「ややそう思う」と「非常にそう思う」の合計）している．「女性は子どもが生まれても，仕事を続けたほうがよい」に対しては，約48％の妻と約42％の夫が賛成しており数値は似ているが，「非常にそう思う」を選択した割合は夫のほうが妻よりも多かった．女性は仕事を続けないほうがいいと思っている人は少数ではあるが，「そう思わない」を選択した人の割合は，男性のほうが多かった（夫7.1％，妻1.4％）．「家事は男女の共同作業となるべきである」に対しては，妻の約9割，夫の約73％が賛成しているが「非常にそう思う」を選択した割合は妻が約61％であるのに対し，夫は約39％と差が大きい．

上記の5項目のうち，無償労働時間に直接関係があるのは4つ目と5つ目の項目である．「女性は子どもが生まれても，仕事を続けたほうがよい」と考える割合は夫妻ともに多いが，他の14項目と比較して「どちらとも言えない」を選択した人の割合が多かった．就労状況とこの質問への回答傾向を見るために，妻の回答

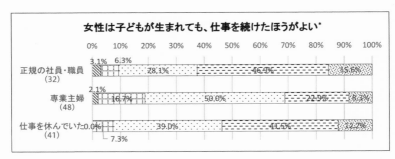

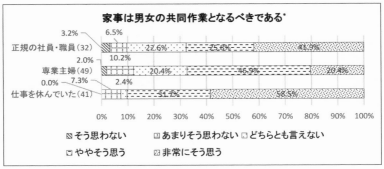

図8.2 妻の職業と性役割態度2項目のクロス集計（上：妻の回答，下：夫の回答）
＊「正規の社員・職員」「仕事を休んでいた」「専業主婦」以外の選択肢もあるが，該当数が少ないため，グラフから省いた．

のみを取り出し，クロス集計をしたのが図8.2上である．アンケート回答時点で正規の社員・職員として働いている妻と仕事を休んでいた妻は，仕事を続けたほうがよいと回答しており，専業主婦をしていた妻は反対する傾向が強かった．また，専業主婦をしていた妻と仕事を休んでいた妻は，それぞれ50%と39%が「どちらとも言えない」と回答していることから，1歳から3歳の子の育児をしている現在，仕事を続けるほうがいいのか，家事・育児に専念するほうがいいのか，迷っているのではないかと推測される．

　家事分担に関しては，夫妻ともに大多数が「家事は男女の共同作業となるべき」と回答している．妻の職業別に夫の回答をまとめた結果を図8.2下に提示した．妻が正規の社員・職員で働く夫の約42%，妻が仕事を休んでいた夫の58.5%が，「家事は男女の共同作業となるべき」という項目に対し「非常にそう思う」を選択しているが，妻が専業主婦の夫で同選択肢を選んだのは，20.4%で，「ややそう思う」の割合が約47%と多かった．「ややそう思う」を選択しているということは，この項目に反対しているわけではないため，妻が専業主婦である場合，夫は家事に参加しなくてもいいと思っているわけではない．しかし妻が正規の社員・職員として働いている，あるいは仕事に復帰することが見込まれる夫と比較すると，積極的に家事をしなくてもいいと感じているのかもしれない．

8.5　性役割態度と家事の割合の関係

　自分自身の性役割態度と家事・育児時間に関連があるのかを調べるため[9]，性役割態度を最も性別役割分業意識が低いグループから高いグループまで4段階に分けた．それからその4つのグループの夫と妻それぞれの自身の家事・育児時間

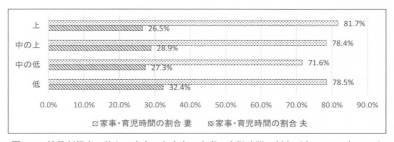

図8.3　性役割態度の強さの度合いと夫妻の家事・育児時間の割合（妻＝137，夫＝130）

の割合を算出した．結果を図 8.3 に提示した．伝統的な性別役割分業意識が強い
妻は家事・育児時間の割合が多く（81.7%），夫は家事・育児時間の割合が少なか
った（26.5%）．それぞれのグループで多少の違いはあるが，分析の結果は統計的
に有意ではなく，4 つのグループ間で家事・育児の割合には大きな差が見られな
かった．

8.6　ワーク・ライフ・バランス

　次にワーク・ライフ・バランスについて見ていく．6 つの側面を 26 の質問でと
らえたことは前述した．ここでは 2020 年 1 月から 11 月まで仕事をしていた夫妻
の回答で，夫妻の間に差があった 5 項目について検討していく．結果を図 8.4 に
提示した．
　仕事がどの程度家庭生活に影響しているかについては，1 項目で差があった．
「仕事に時間が取られるため，仕事と同様に家庭での責任や家事をする時間が取り
にくい」という項目に対し，夫は「かなり当てはまる」「非常に当てはまる」とい
う回答が多く（約 38%），妻は「やや当てはまる」という回答（約 48%）が多か
った．一方，家庭生活が仕事に影響を与えているかを問う項目では 2 項目で夫妻
に差があった．夫と比較すると妻は，「家庭でのストレスのために，職場でも家族
のことが頭を離れないことがよくある」という項目に対し，当てはまる（「やや当
てはまる」「かなり当てはまる」「非常に当てはまる」の合計）と回答した人が 3
分の 1 いた．一方，夫は約 76% が当てはまらない（「全く当てはまらない」「ほと
んど当てはまらない」「やや当てはまらない」の合計）と回答した．「家族と時間
を過ごすために，自分のキャリアアップに役立つ職場での活動に時間をかけられ
ないことがよくある」に関しては，妻は当てはまる（約 55%）と答える傾向が，
夫は当てはまらない（約 54%）と答える傾向が見られた．
　さらに，仕事が仕事以外の部分を阻害しているかについて 2 項目で夫妻の回答
に差がみられた．約 59% の夫は「仕事をしていない個人の自由時間の間でも，仕
事関係の連絡（E メール，チャット，電話）の応対」をしており（「かなり当ては
まる」と「やや当てはまる」の合計），約 33% が「休暇中に仕事」をしていると
回答した．一方，働く妻のほとんどは（それぞれ約 63% と 80%），そういったこ
とはないと回答した．

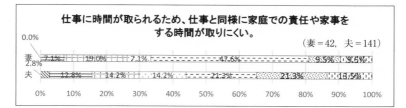

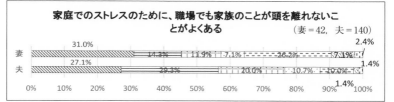

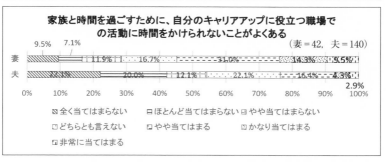

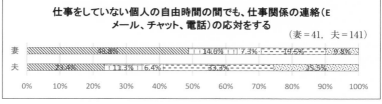

図 8.4 夫と妻の間で差があったワーク・ライフ・バランスの項目
「わからない」と回答した人をはずしており，それぞれで回答者数が異なる．

8.7　ワーク・ライフ・バランスと家事・育児時間の割合の関係

　データ分析を行った結果，ワーク・ライフ・バランスの6つの項目を測定した尺度のうち，仕事が家庭生活に入り込んでいるかと家庭生活が仕事に入り込んでいるかの夫の回答のみが家事・育児時間の割合と統計的に有意な関連があった[10]．仕事が家庭生活に入り込んでいるかは5つの質問によって測定され，数値は0から30の範囲である．回答者を仕事が家庭生活に深く入り込んでいる夫からそうでない夫までを4つのグループに分け，それぞれのグループの家事・育児時間の割合をまとめたのが図8.5である．仕事の家庭への影響が大きい夫ほど，自身の家事・育児時間の割合は短く，妻の家事・育児時間の割合は大きくなっている傾向が見られた．

　同様に家庭生活が仕事に入り込んでいるかについても4つのグループに分け，それぞれのグループの家事・育児時間の割合をグラフにした（図8.5）．4つのグ

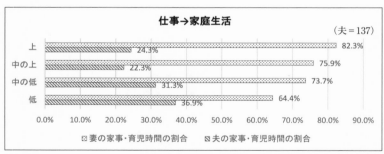

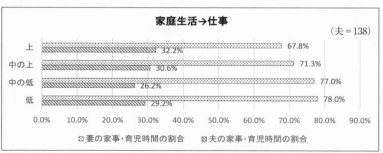

図 8.5　ワーク・ライフ・バランスと夫妻の家事・育児時間の割合
夫の回答のみグラフ化．「わからない」と回答した人をはずしておりそれぞれで回答者数が異なる

ループ間で夫の家事・育児時間の割合はほとんど変わらないが，家庭生活が仕事に与える影響が大きいと答えた夫の妻の家事・育児時間の割合は短く，家庭生活の仕事への影響が小さいと答えた夫の妻の家事・育児時間は長くなっている．

　仕事が忙しいかどうかと家事・育児時間の割合には，関連が見られた．仕事に多くを求められ，職場を離れても仕事をしなければいけない状況にあると，夫は家事・育児の割合が減り，妻の負担が重くなる．しかし妻の回答には同様の関連が見られなかった．これは，仕事が忙しくてもそうでなくても，妻は家事・育児をしていることを示唆する．また，家庭生活が仕事に深く入り込んでいると回答した夫の妻の家事・育児時間の割合は短い傾向にあった．この傾向は，妻の家事・育児時間が短い夫ほど，仕事中に家庭生活のことを考える状況が多くあることを示しているが，たとえそうであっても夫の家事・育児時間は増加するわけではなかった．

8.8　結　　　　　論

　本章では，性役割態度とワーク・ライフ・バランスに関して，夫と妻の間に差があるのかを検討し，それぞれが家事・育児時間の割合に関連しているのかを調査した．性役割態度に関しては，全体的には夫と妻の間で大きな差はなかったが，5つの項目で差があり，特に家事については，男女の共同作業であるべきと考える妻のほうが夫よりも多かった．次に性役割態度と家事・育児時間の割合の間には統計的には関連がないという結果が得られた．これは，男女平等の意識は浸透してきているが，それが行動にまで現れていないことを示唆する．米国人を対象とした研究でも，意識は浸透しやすいが，振る舞いが変化するまでには時間がかかるという研究報告があり[11]，男女平等意識が行動に現れていないのが，日本の現状であろう．

　ワーク・ライフ・バランスに関しては，夫は，職場で要求される仕事量のために，家庭で過ごす時間中にも仕事に取り組み，家事・育児ができない様子がうかがえた．一方妻は，家庭生活を優先し，仕事中でも常に家庭でのことについて考え，時には自身の出世のチャンスを犠牲にしているようである．こういった結果を見ると，男性は仕事を言い訳にして家事・育児をしないとか，女性は仕事をすぐ辞めるから重要なポジションを任せられないといった，個人を攻撃する声が聞

こえそうである.

しかし必ずしもそれが正しくないことを示す研究をここで2つ紹介したい. 米国に出張している日本人家族の研究[12] では, 米国滞在中は, 日本人夫は同僚や米国式の働き方の影響を受け, 日本にいた時よりも家事・育児に関わるようになることが報告されている. 加えて, インタビュー調査[13] では, 若い女性が家庭と仕事の両立ができないことを見越して仕事をやめることを考えたり, 仕事をする母親が, 給料の減額を経験したり, 職場を他の人よりも早く離れることを申し訳ないと思っていることが説明されている.

これらの研究は, 「環境」が個人の行動に強く影響していることを示しており, 日本の職場では男のように働くことが強く求められていることが垣間見える. その対策として近年, 「女性が働きやすい職場を作ろう」といった表現を耳にすることがあるが, 私はその表現には賛成できない. なぜなら男のように働かなくても大目に見ましょうと聞こえるからである. シングルファーザーや同性カップル, 親の介護が必要な夫妻等, 家族は多様化している. 女性が働きやすい職場は, 男性にとっても, その他に様々な特徴を持つ人にとっても働きやすい職場環境であるはずである. 例えば, 女性の育児休業は積極的に認めるが, 男性の育児休業には難色を示すといったように, 女性を例外として扱う職場環境を作るのではなく, すべての人が育児休業を取りやすくするといった環境を整えることが必要である. そのためには, 働き方を根本から見直す必要がある. 職場環境が大きく変われば, 無償労働時間の格差は減っていくだろう.

本研究の結果の解釈には因果関係に注意を払う必要がある. 男性の家事・育児時間は給料や労働時間といった職場での環境に影響を受けているが, 女性の家事・育児時間と仕事の関係には双方向性がある[14]. 仕事が忙しいから家事・育児時間の割合が少なくなる場合もあれば, 家事・育児に時間を費やすために, 仕事をセーブする場合もある. 特に女性の場合, 仕事が原因なのか, 家事・育児時間が原因なのか, はっきりしないことは申し添えておきたい.

1999年に男女共同参画基本法が, 2019年に働き方改革関連法が施行され, 日本社会は変わりつつある. すべての人にとって働きやすく・家事・育児がしやすい環境作りに, 本研究が少しでも役に立ってほしいと願う.

謝辞

本研究は，東洋大学重点研究推進プログラムの助成を受けたものです．株式会社ポーラス
タァには，アンケートの回収に協力していただきました．調査参加者の皆様，お忙しい中
お時間を取ってアンケートに回答してくださいました．本研究のためにご尽力くださった
方々にお礼を申し上げます．

■注と参考文献

1) Sachs, J., Schmidt-Traub, G., Kroll, C., Lafortune, G. and Fuller, G. (2020)：*Sustainable Development Report 2020* (Unpublished Manuscript). Cambridge University Press.
https://s3.amazonaws.com/sustainabledevelopment.report/2020/2020_sustainable_development_report.pdf

2) 内閣府（2020）：令和2年版男女共同参画白書.
https://www.gender.go.jp/about_danjo/whitepaper/r02/zentai/pdf/r02_tokusyu.pdf

3) 鈴木純子が訳した平等主義的性役割態度スケール短縮版（SESRA-S）を使用した.

4) 渡井いずみ，錦戸典子，村嶋幸代が翻訳したワーク・ファミリー・コンフリクト尺度日本語版の一部の質問を使用した.

5) 原健之が翻訳したワーク・ファミリー・エンリッチメントの日本語版尺度の一部を使用した.

6) Kossek, Ruderman, Braddy, and Hunnum が作成した "Nonwork interrupting work behaviors," "Work interrupting nonwork behaviors" を使用した.

7) カイ二乗検定は夫の回答の度数分布と妻の回答の度数分布に違いがあるかを判断する統計分析である.

8) *t* 検定において有意な差はなかった.

9) 相関を調べたが結果は有意ではなかった．結果の解釈をわかりやすくグラフで提示するため，分散分析を用いた.

10) 相関を調べた結果，有意であった．結果の解釈をわかりやすくグラフで提示するため，分散分析を用いた.

11) Larossa, R. (2007)：The Culture and Conduct of Fatherhood in America, 1800-1960. *Japanese Journal of Family Sociology*, **19** (2)：87-98.

12) Yasuike, A. (2011)：The Impact of Japanese Corporate Transnationalism on Men's Involvement in Family Life and Relationships. *Journal of Family Issues*, **32** (12)：1700-1725.

13) Nemoto, K. (2013)：Long Working Hours and the Corporate Gender Divide in Japan. *Gender, Work & Organization*, **20** (5)：512-527.

14) Carlson, D. L. and Lynch, J. L. (2017)：Purchases, Penalties, and Power：The Relationship Between Earnings and Housework. *Journal of Marriage and Family*, **79**：199-224.

9. 新型感染症により再定義される教育における ICT の役割

内藤智之

9.1 は じ め に

新型コロナウィルス感染症（以下，「COVID-19」とする）の世界規模での感染拡大（パンデミック）は，あらゆる国や地域で人々の生活に負の影響を与えている．2021 年 2 月時点で，主に先進国でワクチン接種が始まってはいるものの，いまだ完全終息の見通しは立っておらず，その影響は経済活動のみならず保健医療や教育など社会の基盤である公的分野にまで深刻な影響を与えている．特に教育に関しては，初中等教育のみならず高等教育においても，教職員と学生が校舎に集うことで高まる感染リスクに対して講じられる手段は限定的であり，インターネットを活用した遠隔講義も対面学習のすべてを代替可能ではないことが改めて明らかになっている．さらに，遠隔講義やオンデマンド型の教育は，通信インフラや受講環境の差異によって学習進捗や習得に差が出やすいことも従前より指摘されており，特に私立校と公立校の間における対応差が顕在化した．

このように，COVID-19 による教育への影響は深刻であり，否応なく教育システムそのものを根本的に見直す契機にもなっている．我が国においても，官民問わず多くの議論が交わされ続けており，感染症を含む「VUCA[1) の時代」とも称される現代社会において，逆説的には今後の教育のあり方を進歩的に変革する契機になり得るともいわれている．

本章では，COVID-19 による教育への影響に関して，特に高等教育分野に注目し，パンデミックが急速に進んだ 2020 年 2 月以降どのような対応や検討が世界各地でなされているか，その代表的な事例を紹介する．また，当該実態を踏まえた

うえで，感染症を含む「VUCA の時代」に対応した今後の教育のあり方について，情報通信技術（ICT）をこれまで以上に活用してどのように変容させるべきか，大胆に論じることを試みる．

9.2 新型感染症による教育への直接的影響

COVID-19 による教育への直接的影響とは，具体的にどのようなことなのか．世界銀行が 2020 年 9 月 25 日に公表した数値[2]によれば，同日時点で幼稚園から大学までの幅広いレベルで世界全体学生数の 46% にあたる計 104 カ国 8.1 億人の学生が，COVID-19 による学校の完全閉鎖による学習への直接的影響を被っている．部分的な閉鎖に関しても，合計 90 カ国以上が閉鎖している．すなわち，同日時点では世界のほぼすべての国において完全ないし部分的な閉鎖が余儀なくされており，8 億人を超える学生が学校に行けなかった，ということである．

国際大学協会（International Association of Universities：IAU）が，COVID-19 が急速に世界中に感染拡大した頃である 2020 年 3 月 25 日から 4 月 17 日にかけて，緊急的に行ったオンライン調査「COVID-19 が世界の高等教育へ与える影響に係る調査」の結果[3]も，大変深刻な状況を伝えた内容である．オンライン調査は，109 カ国および中国の 2 特別行政区（香港，マカオ）における合計 424 の高等教育機関から回答を得た結果の概要をまとめている．例えば，ほぼすべての機関において教育と学修に影響が出ていることが明らかになり，3 分の 2 の機関が教室型講義に代わって遠隔教育・学修を行っており，80% の機関が研究に影響ありと回答している．課題として，情報インフラへのアクセス，遠隔学修への適応能力と教授法，特定分野で必要な実習等などに困難が生じていることも報告されている．一方，建設的な回答としては，遠隔教育・学修への移行が否応なしに進んだことによって，「より柔軟な学修機会の提案」や「ブレンド型・ハイブリッド学修の開拓」，そして「同時的・非同時的学修の併用」の機会が創出されたことも同時に報告されている．

日本国内では，今次パンデミック以前から積極的に ICT を利活用した教育を進めてきた私立大学の一つとして知られる早稲田大学の田中愛治総長が，2020 年 9 月の日本経済新聞によるインタビューに対して，興味深いコメントを寄せている[4]．田中総長は早稲田大学でも否応なく加速せざるをえなかった対面講義の代

替としてのオンライン講義に関して，その利点として「熟慮することに関しては向いてるのではないか」と述べている．ただし，「熟慮で導き出せる表面的な結論を乗り越えるには，対面を通して誰かとじっくり議論をする熟議が必要」とも述べており，対面教育の価値についても改めて指摘している．早大生 1.5 万人のアンケートでは，コロナの感染のリスクがあるなかでは，全授業の 7 割程度をオンラインにすることは適切である，という回答が出ている．一方で，将来的に感染リスクがなくなった後への期待については，オンラインは 3 割程度まで減らすべき，という回答になっている．逆説的には，3 割まではオンライン講義を享受できる，という解釈にもなりうる．なお，田中総長は，今後は大人数の教室を減らして少人数でディスカッションできるラーニングコモンズを増やしていき，データ通信のキャパシティーも増やしていく，という意向を同記事内で示している．すなわち，COVID-19 が終息した後もオンラインによる講義は一定の割合で続けていくことを同大学は前提とするようであり，「オンラインの活用を進めれば地方出身の学生が増える可能性もある」という狙いもあることを述べている．大学経営の視点からは，感染症によって否応なく急加速させたオンライン教育を将来への投資として建設的に生かし続けようという考え方であり，後年に振り返ってみた際，欧米に比してオンライン教育が遅れていたと揶揄されている日本の大学におけるデジタルトランスフォーメーションの代表的な事例になった，と評価されるかもしれない．

9.3　新型感染症と今後の教育のあり方

9.3.1　教育を再定義するデジタルトランスフォーメーション

COVID-19 によって教育は世界規模で負の影響を受け，多くの学生が学ぶ機会や場所を奪われてしまっている．そのなかでも，遠隔教育・学修への移行が否応なしに進んだことによって，教育現場におけるデジタルトランスフォーメーションの息吹が聞こえてきてもいる．前節で引用紹介してきた実態や意見だけで全体像を論じるには，無理がありすぎるのは言わずもがなではあるが，今次コロナ禍によって教育が影響を受けた正と負の両側面における象徴的な実態であることは間違いない．ここで熟考すべきは，当該両側面をどのように解釈し，今後の教育のあり方に関してどのように一般化していくことができるか，である．

　例えば，日本政府は内閣の最重要課題の一つとして教育再生実行会議を設置しており，この中で「ポストコロナ期における新たな学びの在り方」に関する議論を 2020 年 7 月から進めており，2021 年 6 月に提言がまとめられている．同会議における高等教育部分においては，大きく分けて「ニューノーマルにおける高等教育の姿」「グローバル視点での新たな高等教育の国際戦略」という 2 つの柱によって提言がまとめられているが，感染拡大を回避するために推進されているオンライン教育については主に「ニューノーマルにおける大学の姿」において議論が深堀りされている[5]．オンラインによる対面の代替は，COVID-19 終息後も発展的に継続していくであろう，という意見を多く聞く．しかしながら，例えば工学系や体育系もしくは医薬学系の技術実習など，少なくとも現行技術ではオンラインで対面教育を完全代替できない分野はあり，これらの課題についてどのように非伝統的に解決していくか，という大きな障害がある．ただし，これは「履修主義」に基づく障害であり，「修得主義」の視点に立って根本的にカリキュラムや指導方法を変えていくことで，障害を乗り越えていくことは可能かもしれない．ここに，ICT の積極的な利活用をこれまで以上に進化させて考えていく必要がある．

　換言すれば，従来の「履修主義」に基づく教育から相当に発想を飛躍させて「修得主義」を目指した「教育の再定義」を行わない限り，オンライン教育も単なる「デジタル化」の範疇にとどまるのみである．教育のデジタルトランスフォーメーションとは，教育の再定義そのものなのである．

9.3.2 教育に ICT を活用する効果とは何か

　現行のオンライン教育では，対面に比して何が問題になっているのか．COVID-19 が感染拡大する以前から，オンライン教育の長所や短所は指摘されていた．例えば，非同期型オンデマンドにおける e ラーニングに関しては，スポーツ等の実技学習が難しいとされている．コロナ禍で在宅でのフィットネスやトレーニングも広がったといわれているが，必ずしも誰もが十分な広さや構造の家屋に住んでいるとは限らず，オンラインによる学習効果は現行では環境に左右されやすい．同期型リアルタイムにおいても，遠隔授業を行う際に送受信双方において機材を個別に設置する必要があり，一定の初期投資必要性が発生し，公平感を担保することは容易ではない．講師側も，e ラーニングを行っていくためには書籍等に比してコンテンツ作成の手間が当初に相当掛かり，IT リテラシーの差が顕

著に出やすい．無論，コンテンツがひとたび作成されれば複数回使用できるというメリットは，書籍と同様にありうる．

　教育と ICT の関係は，過去 30 年間程度で劇的に変容してきた．パソコンの OS として世界中で最も普及している，マイクロソフト社のウィンドウズが普及し始めた 1990 年代より以前においては，教育現場では ICT の利活用はきわめて限定的であった．テレビの教育番組や録音・録画記録の活用，OHP（オーバーヘッドプロジェクタ）等を使用する以上の，教育向けのデバイスもコンテンツも選択肢に乏しかったことが一因である．その後，1995 年に発表された「ウィンドウズ95」が世界中で普及した 90 年代半ばになって，パーソナルコンピュータ（PC）が徐々に教室にも導入されるようになった．OS 上で動くプレゼンテーションソフトと PC 画面をスクリーンに映し出すプロジェクタが活用され，講師や学生によるビジュアルに訴える発表が行われ始めて，教育における PC 活用が加速し始めた．2000 年代になると，学生が共同で使用できるパソコンが自習室などに多く整備されるようになり，インターネットで講師や学生を含む学校関係者間をつなぐ校内ローカルエリアネットワーク（LAN）の整備によって，ビジネス現場では既に定着し始めていたクライアントサーバを活用したデータ共有が教育にも活用され始めた．データ共有と活用が，教育現場に革新的な効率化をもたらし，知識の共通化にも役立ち始めた．PC とインターネットとデータベースによって，すべての学校関係者間の距離は物理的にも概念的にも今まで以上に近付いた．

　一方，2020 年に世界中で急拡大した COVID-19 は，近付いていた学校関係者間の物理的な距離を逆回転させた．前述したとおり，世界中で多くの学生がパーソナルラーニング（PL）をしなければならない状況に陥ってしまっている．かろうじて，インターネットとデータベースによって，教員も学生も外出することなく非接触形でつながることができていることは，ICT の効用に他ならない．

　それでは今後，VUCA が増す時代において，教育現場はどのような姿になっていくのか．すでに指摘されているオンライン教育での実技学習に関する障害などは，改善されうるであろうか．解の一つは，バーチャルリアリティー（VR）に代表される非接触型のソリューションを積極的に検討することである．医療やビジネスの現場では，すでに VR を活用した実務研修が導入され始めており，教育現場でも中長期的な教員不足や質の低下懸念などにも鑑みれば，VR による代替を積極的に検討することは合理的な選択肢の一つではないだろうか．

9.3.3　教育分野の ICT 投資における費用対効果

　ここで，教育への ICT 投資に掛かる費用対効果に関する，代表的な学術的見解について触れたい．当該見解に関しては，少なくとも 2015 年頃までは，費用対効果に対して否定的な意見が少なくなかった．全米経済研究所から公表された論文[6] では，「全体として，ICT 投資の効果を調べている文献は，学術成果に対する ICT 投資はほとんどまたは全くプラスの効果がない，という発見によって特徴付けられている」と報告されている．加えて，経済協力開発機構（OECD）の 2015 年版報告書ではさらに直接的に，ICT 投資に対する 15 歳レベルでの数学，化学，読解に関する学習効果に因果関係はない，と報告している．世界銀行による 2018 年版世界開発報告書「教育と学び」[7] においても，教育における ICT（ソフトウエアとハードウエア）に関する効果について，「否定的（Negative Effect）」もしくは「効果なし（No Effect）」が「効果あり（Positive Effect）」を大きく上回っている．ただし，これらの報告において留意すべきは，いずれも 2015 年以前の学術論文を引用して報告している点である．すなわち，過去数年の間に世界的に急速に普及が進んだスマートフォンやノート PC，ブロードバンド（BB）インターネット，クラウドコンピューティングなどをはじめとする PL に必要な技術的進化による，近年の劇的な環境変化は加味されていない．例えば，マサチューセッツ工科大学ニコラス・ネグロポンテ教授が 2006 年から開始した世界中の子ども達に 100 ドル程度の廉価な特注 PC を配布する「One Laptop per Child（OLPC）」活動は，国連開発計画（UNDP）等の支援を受けて多くの開発途上国に実行されたが，不要なバラ撒きとも批判されて，特に 2015 年以前の段階では必ずしも評価は高くなかった．しかしながら，OLPC 政策を積極的に進めている国の一つであり ICT 立国としても有名なルワンダでは，近年安価になってきている無線通信技術と OLPC をセットにして，国中の小中学校ですべての生徒がインターネット・リテラシーを早期から身につける政策が大胆に進められており，国際開発関係者からの評価は総じて高い．すなわち，ばら撒きと批判された OLPC も，近年の技術進歩による環境変化と合わさったことによって，本来目指していた以上の効用を発揮しつつある好事例になりつつあることを意味している．

　2015 年前後と現在で最も変化している要因は，やはり通信インフラの進化だ．特に，時間を要する固定通信回線整備に代わり，無線通信技術が飛躍的に進歩したことは様々な効用を創出している．2015 年時点では 50 ％程度に過ぎなかったア

フリカ地域全体での第 3 世代移動通信システム（3G）カバー率が，2019 年時点で 80％程度まで急速に拡大していることは，象徴的な実態といえよう．

9.4　VUCA 時代に再定義される高等教育の提供手法

　COVID-19 によって大きく影響を受けた教育は，今後どのように変容し，進化していくべきだろうか．東京大学の柳川範之教授が「これからの大学教育の可能性」と題して日本経済新聞に寄稿している内容[8]は興味深い．同論文によれば，今回のコロナ禍で起こった大きな変化の一つはオンライン講義の急速な広まりであり，これは単純にオンライン講義ができるようになったという話ではなくて，教育のあり方そのものを変える可能性が高い，と述べている．具体的には，教室という物理的制約のないオンライン講義によって人数制限のない授業が可能となったことで，学校のあり方自体が変容可能になったと説いている．すなわち，校舎という物理的制約によって定員を定めざるをえなかったこれまでの大学が，仮にオンライン教育に全面移行した場合，選抜を行うことなく日本中のあるいは世界中の希望する人に教育を受ける機会を提供できるようになる，ということである．一方，双方向性の高いオンライン教育を行うには，参加学生における一定範囲の学力レベル確保が必要となるため，この目的のために入試を行うとした場合には，一発勝負の入試形式ではなく受講成績で選抜するといった考え方もありうる，と述べている．加えて，オンライン教育の推進が社会人にとってもリカレント教育として学び直しの機会を促進し，大学で学ぶという意味自体が変容してくると，卒業や就職活動の意味も今後は随分と変わってくるはず，と説いている．

　このような大学の革新的な変容の可能性は，これまでも将来的にあるべき姿の一つとして様々な局面で議論されてきているが，特に日本国内では「履修主義」から「修得主義」への転換が求められている，といわれて久しい．COVID-19 による教育への影響は，世界中で否応なく ICT を活用することによる PL の広がりをもたらしているが，この現象が「工場型学習」から「パーソナルラーニング（PL）」へ徐々に変容する可能性を創出していることを，柳川論文は示唆している．しかしながら，世界中で BB インターネットの恩恵を受けることが出来ていない人口はまだ全人口の 40％近く存在する実態に鑑みれば，開発途上国で PL を促進することは時期尚早ではないか，という議論は然るべくありうる．一方で，ケニ

アのエネザ（Eneza education）社[9]が提供している第2世代移動通信システム（2G）でも受信可能なSMSを活用した教育サービスなどは，BBの恩恵を受けていない人々にとっても貴重な課題解決サービスとなっている．アフリカでは，このような社会課題解決型のICT利活用型スタートアップが増加していることも，VUCA時代の教育のあり方において考慮すべき重要要因である．

ただし，前出の早大総長による指摘のとおり，個人で学習しているだけではなかなか発展しないことも実際ある．PLは熟慮には良いかもしれないが，熟議するためには，やはり対面の必要性がある．在宅でのPLと，節目における対面教育のブレンド型である「反転授業（flipped classroom）」は，日本国内でも近年広がりつつあるが，COVID-19によってあぶり出された新しい教育スタイルへの渇望への回答の一つとして，反転授業は今まで以上に進化していく可能性がある．

なお，PLや反転授業を進めていくためには，然るべくエビデンスベースでなければならない．学生がどのように学習効果を得ているのか，教育の公平性にも鑑みながら，注意深くエビデンスを収集し分析し，フィードバックしていくPDCAサイクルを実施していく必要がある．加えて，急速な変容に対しては学生側の視点のみならず，教員側への配慮も重要な視点であるのは言わずもがなである．

9.5　AIにより大学が提供できる新たな価値

反転授業の概念が広がった起点の一つであるLageらの論文[10]では，学生の学習方法と教員の指導方法に乖離があることを指摘し，ICTの利活用による反転授業の実施を促した．前出の柳川教授提言は，COVID-19によって日本国内でも否応なく進んだオンライン教育が，大学のあり方そのものを変容しうることを大胆に指摘した．これらを踏まえて，さらに一歩踏み込んで考えれば，オンライン教育のみならず，学生が大学入学前後に学内外で蓄積した知識をデータベース化し，人工知能（AI）を活用して分析することで，学生に対する「学びの最適化」をソリューションとして大学が個々人の特性に合わせて提供できる機能を新たに構築できるのではないかと考える．

具体的には，個々人が大学入学以前および大学在学中に蓄積した学習記録を「学校教育知識データベース（DB）」と一体化する．入学以前と入学後のデータベースは異なったとしても，オープンAPI（Application Programming Interface）

でつなぐことによって，ひとつのデータベースとする．さらに，個々人が学校では学べない学外学習に関して，例えばオンライン上のスキル学習や個人の興味や関心ごとなどについて，「学校外知識 DB」として整備し，これを前出の「学校教育知識 DB」とオープン API で一体化させる．一体化された全体が個人の「知識 DB」となるが，ここに個々人の暗黙知が加わり「知恵」を創出する源泉となる．大学に入学・在学する個人は，自信の DB 全体を大学に開示することにより，大学側が DB に AI を活用して機械学習・深層学習を使って解析し，解析結果を用いて在学中の最適な学習プログラムと学びの know-how をオーダーメイドで提案していく．すなわち，大学の新しいソリューションとしての「学びの最適化」を提案していくことで，大学は個々の学生に新しい価値を提供していくことが出来るのではないか．

　この機能は，柳川教授が提案している「これからの大学教育の可能性」で示されたモデルに親和性があると考えられ，幅広い多様な人材が効率的・効果的に大学において学びを深めることにつながり，「履修主義」から「修得主義」へ完全変容が可能になる（図 9.1）．無論，個々人の長い期間における学習記録をデータベース化することは，初中等教育機関から，そして公私立を問わずすべての教育機関において，統一的なデジタル化を行う大規模な変革が必要となるため，相当な政策的判断と合意形成が必要になるのは言わずもがなである．しかしながら，COVID-19 が強いたオンライン教育の広がりを好機ととらえれば，VUCA の時代に真のデジタルトランスフォーメーションとしてこのようなソリューションを提案していける大学には，自ずと学生が集まり，客観的な外部評価も高まるのではなかろうか．奇しくも，前出の教育再生実行会議による提言においても，「データ駆動型の教育への転換」が提言されたところである．教育のデジタルトランスフォーメーションは，もはや必然の方向性となっている．

　2030 年の学校は，いったいどのような姿をしているだろうか．ディアマンディス[11] によれば，1995 年にニール・スティーブンソンが発表した SF 小説「ダイヤモンド・エイジ」において，AI を搭載した初等読本が個々のユーザーに合わせて内容をカスタマイズする学習ツールとして登場する．初等読本は，ユーザーからの質問に対して，その場の状況に合わせて興味をそそるような返答をする．センサーを使ってユーザーのエネルギーレベルやその時に抱いている感情をモニタリングし，狙い通りの成長を促すために最適な学習環境を生み出す．その目的は，

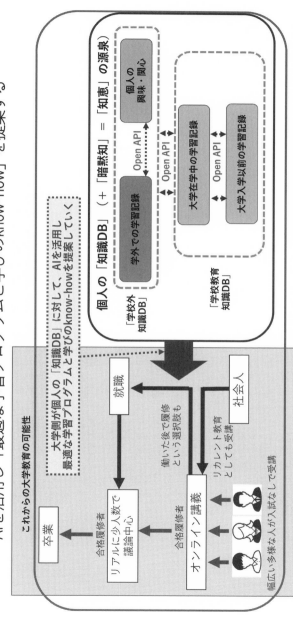

図 9.1 個人「知識 DB」と大学が提供する AI を活用した「学びの最適化」ソリューションの概念（柳川教授提案概念（左図）に筆者作成提案を融合）

強く，独立心と共感力にあふれた，クリエイティブな思考のできる人間の育成，という内容になっている.

　スティーブンソンの想像は，まさに前述した ICT が最大限に利活用された学生に対する「学びの最適化」ソリューションであり，進化し続ける AI を目の当たりにしている 2020 年代に生きる我々は，スティーブンソンの想像を現実にできるだろうし，現実にしていくべき立場に立たされている.

■注と参考文献

1) VUCA とは「Volatility（変動性・不安定さ），Uncertainty（不確実性・不確定さ），Complexity（複雑性），Ambiguity（曖昧性・不明確さ）」の頭文字をとったアクロニム.
2) The World Bank（2020）：*Education Systems' Response to COVID-19 Brief No. 15*：September 25th, 2020.
   http://pubdocs.worldbank.org/en/451001601558649180/Education-Sector-Brief-September-25.pdf
3) International Association of Universities（2020）：*IAU releases Global Survey Report on Impact of Covid-19 in Higher Education*, 26 May 2020.
   https://iau-aiu.net/IAU-releases-Global-Survey-Report-on-Impact-of-Covid-19-in-Higher-Education
4) 日本経済新聞：オンラインで教育効果上がる田中愛治・早稲田大総長―コロナが変えるキャンパス大学トップに聞く，2020 年 9 月 21 日.
5) 教育再生実行会議：ポストコロナ期における新たな学びの在り方について（第十二次提言）. 2021 年 6 月 3 日.
   https://www.kantei.go.jp/jp/singi/kyouikusaisei/pdf/dai12_teigen_1.pdf
6) Bulman, G. and Fairlie, R. W.（2016）：*Technology and Education*：*Computers, Software, and The Internet. Working Paper 22237*, National Bureau of Economic Research, p.18.
   www.nber.org/papers/w22237
7) The World Bank：World Development Report 2018：LEARNING to Realize Education's Promise, p.146. www.worldbank.org/en/publication/wdr2018
8) 日本経済新聞：経済教室：教育の概念，激変の可能性，柳川範之，2020 年 7 月 16 日.
9) https://enezaeducation.com/
10) Lage, M. J., Platt, G. and Treglia, M.（2000）：Inverting the Classroom：A Gateway to Creating an Inclusive Learning Environment. *The Journal of Economic Education*, **31**（1）：30-43.
11) ピーター・ディアマンディズ＆スティーブン・コトラー：2030 年すべてが「加速」する世界に備えよ，2020 年 2 月，ニューズピックス.

10. SDGs 実現に向けての国際共生社会研究センターの次の構想

東洋大学国際共生社会研究センター編集委員会
北脇秀敏，松丸　亮，金子　彰，眞子　岳

10.1　は　じ　め　に

　東洋大学国際共生社会研究センター（以下センター）は 2001 年度の発足以来，途中 1 年間の中断をはさみ文部科学省の支援を受けて発展途上国における持続可能な開発のための多方面の研究を行ってきた．センターは 2019 年度からは文部科学省の支援スキームが終了したことを受け，本学独自の研究支援スキームである重点研究推進プログラムのもとで研究を行っている．センター所属の各研究員は工学から社会・経済に至る多分野のバックグラウンドをもち，総括的な研究テーマ「開発途上国における生活環境改善による人間の安全保障の実現に関する研究 ― TOYO SDGs Global 2020-2030-2037 ―」のもと，本書に見るような多様な研究テーマに取り組んでいる．なお研究名中のサブタイトルにある 2020 は，この研究テーマの本格的開始年次，2030 は SDGs の目標年次，2037 はセンターが所属する東洋大学の創立 150 周年で，SDGs 後をにらんだセンターの研究の集大成の目標年次でもある．

　現在の世界の人々が直面している様々な課題に包括的に取り組もうとするものが人間の安全保障[1] の考え方であろう．これを持続可能な開発という枠組みで解決しようとするものが SDGs[2] であり，センターは設立以来その両者が結びついた研究に取り組んでいる．研究機関であり，限られたリソースの中ですべてに対応することはもとよりできないが，センターは具体的に解決すべき生活環境改善に焦点をおき人間の安全保障の研究に取り組んでいる．

　さて，SDGs は国連で Agenda 2030 とされているように 2030 年が目標である．

また 2021 年からの 10 年間を Decade of Action として実現のための行動を行う期間としている．その 10 年で SDGs の目標を実現に資するためには，行動の 10 年の方向性を定める 2022〜24 年度におけるセンターの取り組みが重要である．センターはこの 3 年間に SDGs の最終段階を見据えた研究を重点的に行う必要があると考えている．

2015 年に SDGs への取り組みが決定されて以来，世界は大きな社会・経済に新たな動きを経験してきた．例えば情報化があらゆる分野で進展したこと，グローバル化が生産や社会活動の中で定着する一方で新型感染症（COVID-19 ／新型コロナ）によるパンデミックや大規模災害や環境の大きな変化等が世界を震撼させている．

このような動きを踏まえてセンターは様々な取り組みを行ってきたが，社会・経済の新たな動向を踏まえ，これまでの研究をさらに発展させるために，現在の研究テーマをさらに発展させ，次期の総括的な研究テーマとして「変動する世界における社会・経済的環境の改善による人間の安全保障の実現に関する研究—TOYO SDGs Global 2020-2030-2037 —」を 2022〜2024 年度の 3 年間で重点的な取り組む必要があると考えている．以下には，「これまでのセンターの取り組みおよび研究成果」「社会・経済の変容（大規模災害，新型感染症のひろがりなどもふくむ）」，「本書所収の論文示された成果」などを踏まえ，特に 2022〜2024 年度の重点的な取り組みを踏まえた，これからのセンターの取り組むべき具体的な課題や研究のあり方を示したい．

10.2　本書編集の背景

10.2.1　持続可能な開発に向けたセンターの具体的取り組みの蓄積

センターは設立以来，具体的に課題を明らかにし，実際の場の中で実現へのステップを示すことが重要と考え，フィールドに主体をおいた持続可能な開発に向けた研究を中心に取り組んできた．その過程で研究を通じた人材の育成や海外における拠点の形成を図ってきた[3]．また成果の公表として研究成果を取りまとめた 7 本の和文書籍を刊行するとともに，2021 年 3 月には英文書籍[4] を刊行した．この英文書籍においてはセンターの各研究員による SDGs の実現に直接結びついたフィールドにおける研究成果を取りまとめたことが特徴となっている．この書

籍のタイトルは，*"Evidence-based Knowledge to Achieve SDGs from Field Activities"* であり，ASPARA BOOKS より刊行されており，Amazon から電子出版および印刷物として入手可能である．この書籍の中では経済（特に途上国での適用をめざした社会的企業），環境分野における国際貢献，防災，女性の地位向上，国際協力による発展途上国の高等教育振興，社会福祉制度の具体的実現過程，障碍者の社会参加，都市コミュニティ開発，都市における水供給，都市化の課題などが取り上げられセンターにおける持続可能な開発の研究への取り組みを明らかにしている．この他センターは年5回（和文3回，英文2回）のニュースレターを刊行するとともにホームページ[5)] で必要な情報を公開してきた．

センターは本学の常勤教員からなる研究員に加えて，外部との連携を図り研究成果の実現化のために客員研究員を置くほか，人材育成のために本学大学院博士後期課程の学生を RA（research assistant）として採用して共同で研究を行っている．この中には多数の海外からの留学生や海外の研究機関の研究者が含まれており，広範囲な人材育成とそれを通した研究の推進を行ってきた．またセンターは連携により研究成果の実現をめざし，企業，NGO，他機関の研究者などとの連携による国内外におけるワークショップ，セミナー，公開講座の開催や実務機関の実施する活動に対する支援を行ってきた．さらに毎年継続的にシンポジウムを開催し，センターの研究成果を広く公表するとともに，センターの研究と密接に関連する社会的に重要な課題に関連する実務者や外部研究者を招聘し，センターの研究者との討議を行いセンターの研究方向に大きな示唆を得てきた．

2020 年は新型感染症のため講師，参加者の多くがオンライン形式で 2020 年 10 月 21 日に開催された[6)]．タイトルは「With コロナ時代の Decade of Action ―国際共生社会研究センターの貢献―」であり以下の講師，演題により行われた．

・With コロナ時代の国際協力と日本の役割（講師：佐藤寛，日本貿易振興機構アジア経済研究所上席主任調査研究員）

・IoT がもたらす行動変容と社会の変化（講師：花木啓祐，研究員，東洋大学情報連携学部教授）

・新型感染症により再定義される教育における ICT の役割（講師：内藤智之，国際協力機構国際協力専門員／シニアアドバイザー）

・国際共生社会研究センターが今なすべきこと（北脇秀敏，センター長，東洋大学国際学部教授）

10.2.2　社会・経済システムの変化と SDGs

　以下に本書の背景の一つとして SDGs のスタート以来今日に至る中長期的な社会・経済システムの変化を概括し，本書で取り上げたトピックの重要性を示す．

　SDGs のスタート時点である 2015 年ごろから新型感染症が発生するまでの間に，我が国で中長期的な国際経済の動向として議論されていたことを政府の白書[6] から見ると，中国を含む新興国の経済の重要性が増していることが明らかになっている．その中で生産，消費がグローバル・バリュー・チェーンといわれる世界的なネットワークを形成し，アメリカの対中貿易摩擦が大きな問題として浮かび上がっている．さらに一体化がなされたにもかかわらずユーロ圏内の経済構造の格差の問題が大きなリスクとなっている．また資源価格が低下してきたことでプラスの効果と同時に産油国など資源輸出に依存してきた国々のリスクが顕在化し，中長期的な課題として労働の二極化もあげられる．これは SDGs の実現に大きな影響をもつもので，先進国と途上国の問題であると同時に先進国内の貧困の問題にもつながっている．

　このような中長期的な経済の変動が生じているなかで 2019 年に新型感染症が発生し世界中に蔓延した．新型感染症による影響下における世界経済の現状を日本総研のレポート[7] でみると以下の 4 点があげられている．「雇用への影響」「所得格差の拡大」「不況下の株高」「財政・金融の拡大」であるが，いずれも我が国のみならず持続可能な世界の社会・経済の形成にとって大きなネックとなるものである．特に雇用，所得格差は上記の中長期的な課題であると同時に SDGs の達成に大きな意味をもつものであり人間の安全保障の基盤となるものである．また不況下の株高は資金が必要な部門に流れていないことを意味しており，同じく SDGs の達成のネックになりうると考えられる．また我が国を含め新型感染症による経済や雇用の対応を図り経済の回復のために財政・金融を活用したが，緊急措置とはいえ，財政の赤字拡大など財政・金融に大きな負担を与えるものとなっている．

　このレポートでは今後の経済回復への動向として「モノとヒトの動きの乖離」「デジタル経済化」「グリーン・リカバリー」の 3 点をあげている．物流は回復してきているが観光客などのヒトの動きは感染の拡大もあり戻っていない．デジタル経済化とは次世代通信投資の増加やテレワーク対応等々，情報システムの進展と広範囲な適用があげられる．さらにグリーン・リカバリーとは気候変動の抑制や生物多様性の保護などをふまえつつ経済の回復を図ろうとするものであり，こ

れらは短期というより中長期的な社会・経済の構造的変化であり SDGs の達成に不可欠なものとなっている.

　中長期的な社会の変化として SDGs 達成との関連からは「人口パターンの変化と少子高齢化の進展」「都市化の進展」「難民問題と統治システムの不安定化」「人々の意識の変化の顕在化」の 4 点をあげることができる.　人口パターンの変化と少子高齢化の進展であるが,　人口増加率の低下は先進国のみならず新興国をはじめ他の多くの国でも生じているが,　一方で大幅な人口増が見られる国もあり二極化が生じている.　特に先進国では少子高齢化の進展と人口減少社会への対応という経験したことのない社会変化が生じており SDGs の達成を目指すうえでの大きな課題となっており,　次の世代の確保,　育成をいかに進めるかが重要でありセンターとしても海外の研究者と連携した取り組みがなされている.　さらに発展途上国における都市化の急速な進展が進んでおり,　インフラなどの計画的な都市整備の課題への対応が必要であるが,　そのために従来にも増して都市コミュニティの参加による都市整備・管理が求められている.　これはまさに人間の安全保障への重要な要請である.　また難民問題の拡大と長期化とそれによる統治システムの不安定化が生じている.　これは SDGs の理念のみならず国民国家という現行の枠組への大きなチャレンジになりつつあるのではないか.　同時に人々の意識の変化の顕在化もあげられる.　宗教意識の高まりと相互の対立が顕在化している.　また差別への意識の変化とそれが重視されるようになってきたことなど人々の意識の変化が見られそれを受容する動きと対立する動きの両面が見られる.　このような人々の意識の変化は SDGs 達成のためにプラスの側面も少なくないが同時にその阻害要因となる場合があることも留意する必要がある.

　次に環境制約の変化であるが,　この持続可能な社会の最大の課題をどう解決するかが SDGs 達成の最も重要な課題となっている.　異常気象などの環境変化の顕在化がありそのことが開発への大きな制約であると同時に環境保全への大きな要請となっており,　SDGs 達成のための最重要事項としてその環境問題解決のため,　技術的なものに限らず経済・社会的な多様な手法が提案され実際に活用されているが,　SDGs 達成のためにさらなる研究開発がなされるべき分野である.

　技術の変化は大きく急速であるが,　持続可能な社会を技術の変化により形成できるかは社会実装を伴う中長期的観点から考えなければならない.　下記にセンターが歩調を合わせている東洋大学内の先端技術の例として情報化／システム化と

生命科学の進展について示したい．情報化／システム化については，2020 年 10 月に当センターが主催したシンポジウムにおいても議論した高等教育における適用やセンターの研究活動については，フィールドにおける研究という特色を踏まえつつよりよい研究のために情報化／システム化にどう取り組むかが課題となっている．またフィールドに根ざした研究を行っているセンターにとって，一見接点が少ないと考えられる生命科学の分野などの研究成果をいかに社会実装するかなどの検討は，従来の研究手法にとらわれず先端技術の導入による「リープフロッグ」により途上国の生活環境を改善するなどの観点から挑戦する意義があることだと考えている．

10.2.3　大規模災害・新型感染症の拡がりと SDGs

大規模災害が我が国のみならず世界の多くの国に発生している．その中には巨大地震やそれに伴う大津波などの突発的な災害に限らず，大雨・雪，旱魃などの被害が継続的に発生している．これらの災害により生命に加えて多大な社会・経済への影響が生じている．まさに人間の安全保障を損なうものであり，またその対応にも多大な時間とコストがかかり，SDGs 達成の支障となるものである．さらに，乾燥地域における砂漠化の進行などは，気候変動に伴う継続的な災害ともいいうるもので今後も継続していくことが考えられる．これらへの対応が予防にとどまらない広義の防災ということになり，対応が図られている地域もあるが，技術，資金などが十分ではない地域では主たる開発の阻害要因になっており，SDGs の達成の大きな支障となっている．しかしながら技術のみならず，社会・経済における有効な対応により，災害の予防や被害の回復にとどまらず新たな持続可能な開発を進めることが可能になると考えられる．例えば，より安全で生活に適した居住地の開発や乾燥地農業開発等があげられ，SDGs の達成のために期待される．同時にそれが持続可能な開発となるようになすべきことは少なくないと思われる．

新型感染症の拡がりによる SDGs の実現に対する影響であるが，現在各国とも新型感染症の拡がりを抑えることをその政策運営の中心にしている．このためにヒトの移動を抑える政策がとられ，特定の業種や職種に大きなダメージが生じた結果，雇用の喪失や所得格差の拡大が生じており，その対応のため通常では想定されない規模の政府支出が行われているほか，ワクチンの接種や高額な治療費へ

も大きな政府支出がなされている．これらはSDGs実現に負の影響を与えているといえるが，今後これらの影響が一過性の短期的なものか中長期に及ぶ構造的変化なのかを分析したうえで判断する必要がある．例えばテレワークなどの業務のあり方や働き方の変化は，情報化の急速な進展やさらに交通を含む都市構造の変化までをも引き起こす可能性があるものとも考えられるが，同時に実現に向けた問題も少なくないことからSDGs実現に向けてさらなる検討が必要であり，センターとしてもシンポジウムにおいて議論したところである．

　一方でSDGsの実現に向けた動き，特に「生活環境改善による人間の安全保障の実現」の考え方と対応は，途上国のみならず先進諸国においても重要な役割を果たしていると考えられる．このことにより対策が実行され効果をもつことが過去の感染症[8]に比して機能させることができるのではないか．したがって緊急かつ短期の対策と合わせ中長期視点からSDGsの着実な推進を図ることが重要で，SDGsは新型感染症が収まってから対応すればよいというものではないと考えられる．

10.3　本書所収論文に示された人間の安全保障による SDGs 実現のために取り組むべき課題

　本書所収論文において提案された内容を人間の安全保障によるSDGs実現のために取り組むべき国際協力における重点的な課題として再整理したい．特にこれまでセンターとしてあまり取り組んでこなかった課題や，これからセンターが取り組むべき研究に対する視点も含めて個々の論文の意図するところをまとめる．

10.3.1　ビジネスと連携した国際開発におけるステークホルダーのあり方

　かつては国際協力とビジネスは切り離して考えられてきたが，現在では先進国，新興国，発展途上国を問わず，生産，消費のネットワークに組み込まれ，その持続可能なサプライチェーンの円滑な運営・管理が不可欠なものとなっている．これには多様なステークホルダーが参加しているが，国際協力の観点からは参加するステークホルダーの倫理性の確保が重要となってきており，重大なリスク要因になりうる点に留意する必要がある．本書所収論文では，必ずしも直接指摘されてはいないが，このネットワークの整備，管理・運営は，国際協力の重要な分野

であると同時に貿易摩擦など国家間の対立や災害，事故などでネットワークに支障が生じた場合のリスクが直接の当事者にとどまらず広く波及することにも留意する必要がある．

10.3.2　衛生，水供給・管理の重要性

　本書所収論文において直接新型感染症との関連に触れられているわけではないが，衛生の確保や向上が重要で SDGs の目標の中でも重視されており，この問題がセンターの実施する人間の安全保障実現と持続可能な開発に向けた取り組みとして重要な分野であり，この分野への国際協力のあり方について分析し提案を行っている．

　また水は農業生産や人間の生活に不可欠であり SDGs の達成に重要である．特に今後の食糧生産の確保の重要性の増大が予想されるなかで，乾地農業における水供給確保の政策の経験は広く活用されるものと考えられる．また都市における安全な水供給は我が国の国際協力の中で重要な位置を占めているが，適切な水供給のマネジメントをどう実践していくかは大きな課題である．この問題についての実践の経験も広く活用されるべきものと考えられる．なおこのような経験は他の分野の SDGs 達成を目指した国際協力の中でも参考となると考えられる．

10.3.3　すべての活動の基礎としての防災

　我が国の東日本大震災を契機に防災に関して世界的意識が高まり，防災への取り組みがなされるようになってきたなかで，新型感染症の急速な感染の拡がりが起こった．このような大規模な災害や新型感染症の拡がりは，人命のみならず経済，社会，環境へ大規模かつ急速な影響を与えることが明らかになり，すべての活動の基礎が単なる予防にとどまらない広義の防災にあることの認識がなされるようになってきた．このように防災は，人間の安全保障の重視と実質化により SDGs を達成すること目指している．なお本書所収の論文では触れられていないが，感染症の原因が明らかになり，また予防や治療が可能になりつつあっても容易ではなく，今後もある程度の頻度で新しい感染症が発生することや，国・地域などにより感染とその被害の格差が少なくない点に留意すべきである．

10.3.4 次世代の人材の育成

SDGs は次世代の人材が適切に育成されて初めて達成されたといえる．本書では2つの観点すなわち「次世代を担う子ども達の育成」「次世代の人材のための教育における情報化」のあり方について検討，提案がなされている．前者については我が国でも様々な指摘がなされているが，先進国の比較などを踏まえた具体的な議論や家族の育児の具体的な実証調査などがなされている．

次に後者すなわち技術変化を踏まえた新たな高等教育のあり方は議論がなされてきたが，新型感染症の発生を機に必要となり直ちに全面的に適用され高等教育のみならず初中等教育のあり方に大きな影響を与えるものとなり，そのための具体的な検討，提案がなされている．

10.3.5 SDGs を実質的なものにするための社会の多様な主体の参加

SDGs が大きな方向性を示す段階かそれを形式化せず，人々の生活に対し具体的なものとなるためには，社会の多様な主体の参加とそのニーズに直結する政策・計画，制度，実施，評価が議論，提案され実際に試行されている．特に統計などのマクロ的な評価ではなく関連する人々との対話による評価を行うことは SDGs が実現に向かう過程において重要なものと考えられる．

以上に述べたように，本書所収論文には外部有識者によるものに加え，各研究員によるこれまでのセンターが行ってきたフィールドにおける研究を中心としてきた成果が示されている．そのための研究のあり方については以下に述べることとする．

10.4 センターが次になすべきこと

10.4.1 センターの次の活動に向けて

センターの活動としてはじめにあげられるのはセンターに所属する各研究員を中心とした研究活動であることはいうまでもない．各研究員はこれまで個別の研究活動と同時に，センターとしての総括的な研究テーマである「開発途上国における生活環境改善による人間の安全保障の実現に関する研究— TOYO SDGs Global 2020-2030-2037 —」に関連する研究をその専門分野に応じて行ってきた．

センターは，各研究員の研究活動のための共通するプラットフォームの形成を

行ってきたが，今後もさらに研究のためのネットワークの強化・体系化を進めて
いく．これまで形成された国内外の研究機関とのネットワークを用いて国際共同
研究を実施するとともに，前述のように本学の他研究組織を巻き込んで文理融合・
最先端技術の社会実装などのテーマに挑戦していきたい．またセンターは研究成
果を SDGs 実現のために具体的なプロジェクトや行動として実施できるよう体系
化し，今まで行ってきた SDGs 実現に関連する政府機関や NGO などの国際協力
組織や国際機関との連携をさらに強化するとともに，民間企業とも連携した活動
を行う．

10.4.2　SDGs 実現のための研究課題の方向

　センターの SDGs 研究の中心的なキーワードである「人間の安全保障」は，次
の研究構想でも堅持する．本章に述べた様々な社会的変化に対応して研究テーマ
を修正することは必要であるが，根本はゆらぎないものである．すなわち「フィ
ールドワークをベースとした具体性ある研究」「新たな社会・経済の変化に対応す
る研究」「参加をベースとした実現手法の研究」「都市の形成とインフラ整備（都
市インフラ―水／交通など）のあり方の研究」等があげられる．また，新たな社
会・経済の急速な変化を踏まえて発展途上国の持続可能な開発と地球規模の環境
の問題を踏まえつつフィールドにおける具体的かつ有効な解決策を提案したい．
フィールドでは先進国の技術や手法をそのまま持ち込むのではなく，途上国の多
くのステークホルダーの参加による開発が SDGs の実現のキーであろう．センタ
ーではこれまでの経験を生かした具体的な実証をフィールドで行いたい．
　さらに都市の形成とインフラ整備（都市インフラ―水／交通など）のあり方に
ついては発展途上国，先進国問わず重要な研究対象である．急速な社会・経済の
変化が見られるとともに防災の観点から SDGs 実現の基礎となるものである．例
えば，格差の拡大の中での都市機能の確保と同時に環境の確保や防災を行う具体
的方策も大きな研究テーマであろう．

10.4.3　新たな動向に対応したこれからの研究方法

　センターは今後の研究において，上記のような研究を「プラットフォームとし
てのセンターの強化」「多様な主体との連携による研究（産・官・学・民）」「新た
な手法によるフィールドに重点をおいた研究手法の開発」を堅持しつつ継続する．

また, 総合大学の強みを活かして文理問わず学内の研究プロジェクトと連携し, 研究により得られた知見を社会実装することに努めると同時に研究成果の公表・広報をさらに拡充し, 「知」の社会還元を行いたい.

新型感染症による感染防止のために導入されたリモートによるフィールド研究やシンポジウムの実施は, 図らずも研究の大きな可能性を示唆することとなった. センターの次の活動においては, これらの知見を最大限活用してSDGsの「行動の10年」に貢献したい. そのため, 次の総括的な研究テーマとして「変動する世界における社会・経済的環境の改善による人間の安全保障の実現に関する研究—TOYO SDGs Global 2020-2030-2037 —」を次の3年間 (2022〜2024年度) に向けて提案したいと考えている.

■注と参考文献

1) 長有紀枝 (2021):入門 人間の安全保障 恐怖と欠乏からの自由を求めて (増補版). 中央公論新社.
2) 蟹江憲史 (2020):SDGs (持続可能な開発指標). 中央公論新社.
3) 東洋大学国際共生社会研究センター (2021):2020年度研究報告書.
   https://www.toyo.ac.jp/research/labo-center/orc/publication/list1047-5466/100556/AnnualReport2020.ashx?la=ja-JP
4) Center for Sustainable Development Studies, Toyo University (2021):*Evidence-based knowledge to Achieve SDGs from Field Activities*. Aspara Books.
5) 東洋大学国際共生社会研究センター, ホームページ
   https://www.toyo.ac.jp/research/labo-center/orc/
6) 東洋大学国際共生社会研究センター (2020):第21回シンポジウム報告書 Withコロナ時代のDecade of Action —国際共生社会研究センターの貢献—.
   https://www.toyo.ac.jp/-/media/Images/Toyo/research/labo-center/orc/publication/list1047-5466/100553/Symposium20201023.ashx?la=ja-JP&hash=01013856D026EB4C92EFE64FC7BD1EE7F4C15D0C
7) 内閣府政策統括官 (経済財政分析担当):世界経済の潮流, 2015年I〜2020年1各号.
   https://www5.cao.go.jp/j-j/sekai_chouryuu/sh15-01/sh15.html
   https://www5.cao.go.jp/j-j/sekai_chouryuu/sh20-01/sh20.html
8) 石川智久 (2021):世界経済見通し. JRIレビュー, 2021 Vol1.No85, pp.2-14, 日本総合研究所. https://www.jri.co.jp/page.jsp?rd-37780
9) 石 弘之 (2018):感染症の世界史. 角川書店.

索　　引

パンデミック時代の SDGs と国際貢献

—2030 年のゴールに向けて—　　　　　　　定価はカバーに表示

2021 年 11 月 1 日　初版第 1 刷

編集者　北　脇　秀　敏

　　　　松　丸　　　亮

　　　　金　子　　　彰

　　　　眞　子　　　岳

発行者　朝　倉　誠　造

発行所　株式会社　朝　倉　書　店

　　　　東京都新宿区新小川町 6-29

　　　　郵 便 番 号　162-8707

　　　　電　話　03（3260）0141

　　　　F A X　03（3260）0180

　　　　https://www.asakura.co.jp

〈検印省略〉

新日本印刷・渡辺製本

ISBN 978-4-254-18061-9　C 3040　　　　Printed in Japan

（公社）日本水環境学会編

水 環 境 の 事 典

18056-5　C3540　　　　　　Ａ５判　640頁　本体16000円

各項目2-4頁で簡潔に解説.広範かつ細分化された水環境研究,歴史を俯瞰,未来につなぐ.〔内容〕【水環境の歴史】公害,環境問題,持続可能な開発,【水環境をめぐる知と技術の進化と展望】管理,分析(対象,前処理,機器など),資源(地球,食料生産,生活,産業,代替水源など),水処理(保全,下廃水,修復など),【広がる水環境の知と技術】水循環・気候変動,災害,食料・エネルギー,都市代謝系,生物多様性・景観,教育・国際貢献,フューチャー・デザイン

日大 矢ケ﨑典隆・日大 森島　済・名大 横山　智編
シリーズ〈地誌トピックス〉3

サ ス テ イ ナ ビ リ テ ィ
—地球と人類の課題—

16883-9　C3325　　　　　　Ｂ５判　152頁　本体3200円

地理学基礎シリーズ,世界地誌シリーズに続く,初級から中級向けの地理学シリーズ。第3巻はサステイナビリティをテーマに課題を読み解く。地球温暖化,環境,水資源,食料,民族と文化,格差と貧困,人口などの問題に対する知見を養う。

京都大学で環境学を考える研究者たち編

環　　　境　　　学
—21世紀の教養—

18048-0　C3040　　　　　　Ｂ５判　144頁　本体2700円

21世紀の基礎教養である環境学を知るための,京都大学の全学共通講義をベースとした入門書。地球温暖化,ごみ問題など,地球環境に関連する幅広い学問分野の研究者が結集し,環境問題を考えるための基礎的な知見をやさしく解説する。

東京大学大学院環境学研究系編
シリーズ〈環境の世界〉1

自 然 環 境 学 の 創 る 世 界

18531-7　C3340　　　　　　Ａ５判　216頁　本体3500円

〔内容〕自然環境とは何か／自然環境の実態をとらえる(モニタリング)／自然環境の変動メカニズムをさぐる(生物地球化学的,地質学的アプローチ)／自然環境における生物の多様性,生物資源／都市の世紀(アーバニズム)に向けて／他

東京大学大学院環境学研究系編
シリーズ〈環境の世界〉2

環 境 シ ス テ ム 学 の 創 る 世 界

18532-4　C3340　　　　　　Ａ５判　192頁　本体3500円

〔内容〕〈環境の世界〉創成の戦略／システムでとらえる物質循環(大気,海洋,地圏)／循環型社会の創成(物質代謝,リサイクル)／低炭素社会の創成(CO_2排出削減技術)／システムで学ぶ環境安全(化学物質の環境問題,実験研究の安全構造)

東京大学大学院環境学研究系編
シリーズ〈環境の世界〉3

国 際 協 力 学 の 創 る 世 界

18533-1　C3340　　　　　　Ａ５判　216頁　本体3500円

〔内容〕〈環境の世界〉創成の戦略／日本の国際協力(国際援助戦略,ODA政策の歴史的経緯・定量分析)／資源とガバナンス(経済発展と資源断片化,資源リスク,水配分,流域ガバナンス)／人々の暮らし(ため池,灌漑事業,生活空間,ダム建設)

東京大学大学院環境学研究系編
シリーズ〈環境の世界〉4

海 洋 技 術 環 境 学 の 創 る 世 界

18534-8　C3340　　　　　　Ａ５判　192頁　本体3500円

〔内容〕〈環境の世界〉創成の戦略／海洋産業の拡大と人類社会への役割／海洋産業の環境問題／海洋産業の新展開と環境／海洋の環境保全・対策・適応技術開発／海洋観測と環境／海洋音響システム／海洋リモートセンシング／氷海とその利用

東京大学大学院環境学研究系編
シリーズ〈環境の世界〉5

社 会 文 化 環 境 学 の 創 る 世 界

18535-5　C3340　　　　　　Ａ５判　196頁　本体3500円

〔内容〕＜環境の世界＞創成の戦略／都市と自然(都市成立と生態系／水質と生態系)／都市を守る(河川の歴史／防災／水代謝)／都市に住まう(居住環境評価／建築制度／住民運動)／都市のこれから(資源循環／持続可能性／未来)／鼎談

東京大学大学院環境学研究系編
シリーズ〈環境の世界〉6

人 間 環 境 学 の 創 る 世 界

18536-2　C3340　　　　　　Ａ５判　164頁　本体3500円

〔内容〕人間環境の創成／計算科学と医学の融合による新しい健康科学の創成に向けて／未来社会の環境創成(オンデマンドバス等)／「見える化」で人と社会の調和を図る(位置計測)／「運動」を利用して活力のある人間社会をつくる。

上記価格（税別）は 2021 年 9 月現在